U0348482

"十三五"国家重点图书

大数据科学丛书

面向大规模知识库的引文推荐技术

马乐荣　著

高等教育出版社·北京

图书在版编目（CIP）数据

面向大规模知识库的引文推荐技术 / 马乐荣著 . ––
北京：高等教育出版社，2019. 10
ISBN 978–7–04–052541–0

Ⅰ.①面… Ⅱ.①马… Ⅲ.①知识库—数据管理—研
究 Ⅳ.① TP311.13

中国版本图书馆 CIP 数据核字（2019）第 181314 号

策划编辑	冯　英	责任编辑　冯　英	封面设计　王　洋		版式设计　童　丹	
插图绘制	于　博	责任校对　刘娟娟	责任印制　尤　静			

出版发行	高等教育出版社	网　　址	http://www.hep.edu.cn
社　　址	北京市西城区德外大街4号		http://www.hep.com.cn
邮政编码	100120	网上订购	http://www.hepmall.com.cn
印　　刷	北京新华印刷有限公司		http://www.hepmall.com
开　　本	787mm×1092mm　1/16		http://www.hepmall.cn
印　　张	12		
字　　数	260 千字	版　　次	2019 年 10 月第 1 版
购书热线	010–58581118	印　　次	2019 年 10 月第 1 次印刷
咨询电话	400–810–0598	定　　价	69.00 元

前言

大规模知识库，如维基百科 (Wikipedia)、百度百科，对知识的整理和应用具有重大意义。人类进入大数据智能时代，大规模知识库不仅成为人们日常搜索知识的主要平台，而且还为许多应用提供知识来源。相对知识库实体的数量，知识库编辑人员严重偏少，导致大规模知识库中的实体内容严重滞后。据统计，维基百科知识库编辑者更新其中实体内容的时间平均滞后 356 天。2012 年国际文本检索大会发起了知识库累积引文推荐评测任务，随后大规模知识库引文推荐技术逐渐成为大数据知识工程的研究热点之一，吸引众多国际知名 IT 公司、研究机构和大学参与研究。

本书围绕知识库更新问题，收集和整理了最近 5 年相关的最新研究成果，其中大部分内容是作者本人和作者所在研究团队的成果，重点提出了：① TREC-KBA-2012、TREC-KBA-2013 和 TREC-KBA-2014 三个公开的大规模短文本数据集的处理方法；② 融入偏好信息的实体–文本相关性分类模型；③ 实体–引文隐类别依赖的判别混合模型；④ 实体– 引文联合深度网络的分类模型；⑤ 知识库冷启动的引文推荐方法。

本书共 7 章，其中：

第 1 章 绪论　　介绍引文推荐的背景、大规模知识库、文本表示，以及大规模知识库累积引文推荐的挑战和发展趋势。

第 2 章 实体–引文相关性分类技术　　给出大规模知识库累积引文推荐的处理流程框架及其使用的公开数据集，随后给出实体引文的相关性分析模型，以及模型使用的特征。

第 3 章 基于实体突发特征的文本表示模型　　介绍融入实体突发特征的实体–引文表示模型，以及对该模型的验证。

第 4 章 实体–引文类别依赖的混合模型　　介绍融入实体和引文类别信息的判别混合模型，以及此模型在 3 个公开数据集的测试和分析结果。

第 5 章 融入偏好信息的分类模型　　介绍利用偏好信息提升经典支持向量机分类能力的 PSVM 模型。

第 6 章 实体–引文联合的深度网络分类模型　　介绍利用嵌入 (Embedding)表示词的方法，提出实体–引入联合的深度网络分类模型。

第 7 章 引文推荐冷启动问题　　介绍大规模知识库实体冷启动的引文推荐方法。

感谢北京理工大学计算机学院、延安大学给予的支持。本书得到国家自然科学基金（80866038）、延安大学博士启动基金项目（YDBK2018-09）、陕西省教育厅专项计划项目（18JK0876）的资助。

大规模知识库更新研究及技术发展迅速，对许多问题的研究有待进一步深入，一些有价值的新内容也未能收入本书，再加上作者的知识水平和研究能力有限，书中难免存在许多不足之处，敬请读者批评指正。

马乐荣

2019 年 5 月 5 日于延安大学周杨楼

目录

第 1 章 绪论

1.1 大规模知识库引文推荐产生的背景

人类有文字记录以来，随着知识的不断丰富和积累，人类对知识的整理和使用方式也与时俱进。大约公元前 367 年至公元前 283 年，古希腊人就建立了亚历山大图书馆，保存和整理当时的人类文明。据说当时建立亚历山大图书馆的唯一目的是"收集全世界的书"，实现"人类知识总汇"的梦想。《四库全书》作为中国古代文化知识和学术成就的汇集，收集著录书达 3461 部、存目书有 6793 部，按中国古代传统的图书分类法分为经、史、子、集四部，内容几乎涵盖文、史、哲、理、工、农、医等学科。

进入 21 世纪，人类整理和使用知识的方式随着网络的发展和普及，从线下逐渐转变为线上，涌现出大量的在线知识库，包括在线百科全书、在线知识图谱、在线人物传记、在线专利库等。与传统的线下知识库相比，在线知识库拥有显著特点：① 易存储扩展，借助成熟的存储和分布式技术，可以根据知识库扩展的需要，动态地增加存储容量；② 易检索使用，以搜索引擎为代表的信息检索系统，可以使用户非常方便地检索到所需的知识；③ 易更新维护，在线知识库不受时间和空间的限制，知识库的编辑维护人员可以及时更新和维护。在线知识库以实体为中心进行内容的组织和构建，实体是"客观世界中存在的且可以唯一区别标识的事物"，例如人、组织、设施、事件等。实体表达倾向于结构化和类型化，而普通文本一般都是扁平化的。

百科知识库，如维基百科（Wikipedia）、百度百科，是人们目前使用最为广泛的在线知识库。在这个知识爆炸的时代，在线百科知识库对于知识的整理与有效利用具有重要意义。首先，在线百科知识库已经成为人们日常获取实体知识的重要渠道；其次，在线百科知识库为知识图谱、实体搜索、智能问答等应用提供数据来源。如 Google 开发的 Knowledge Graph，其知识全部来源于维基百科。另外百度知心、搜狗知立方其数据来源也是百科知识库。然而，目前大多数在线知识库都是由编辑志愿者人工进行维护和更新。随着在线知识库的不断增长，实体数目越来越大。据统计，截至 2017 年 3 月，百度百科条目数量已经超过 1400 多万，英文维基百科中包含约 500 多万个实体，人工维护和更新工作已经成为制约知识库发展的瓶颈。此外，大量的长尾实体无法获得足够的关注。人工更新和维护的方式使得知识库信息严重滞后，根本无法保证知识库内容的时效性[1]。如图 1.1 所示[2]，在线维基百科知识库中，实体内容的更新时间平均滞后 356 天。

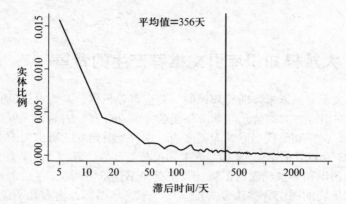

图 1.1　在线维基百科知识库中实体引用文章的滞后时间与实体比例

　　1956 年，人工智能概念被正式提出，标志着人工智能学科的正式诞生。其研究目标是实现模拟人类的智能机器，该机器能像人一样具有识别、抽象、推理、记忆、学习等能力。1977 年，费根鲍姆（Edward Albert Feigenbaum）率先提出专家系统，专家系统主要由领域专家归纳、提炼、整理的专业知识库和推理机组成。

　　因此，如何利用计算机强大的信息处理能力，从互联网上检索发现与百科知识库实体相关的文档，同时对这些相关文档进行过滤和分析，进而加快在线百科知识库的更新和维护速度，这一问题成为知识库的研究热点，得到学术界和工业界的普遍关注。从 2012—2014 年的 3 年间，国际文本检索会议（Text Retrieval Conference，TREC）设立了知识库加速（Knowledge Base Acceleration，KBA）竞赛，该竞赛吸引了众多国际知名研究单位参与，包括华盛顿大学、麻省理工学院、伊利诺伊大学香槟分校、佛罗里达大学、威斯康星大学麦迪逊分校、特拉华大学、阿姆斯特丹大学、北京邮电大学、北京理工大学和微软亚洲研究院等[1]。知识库加速有两个子任务，一个子任务是累积引文推荐（Cumulative Citation Recommendation，CCR），另一个是流数据位填充（Stream Slot Filling，SSF）。CCR 面向文本大数据流，过滤并发现与知识库实体具有不同相关程度的潜在引文，并推荐给知识库编辑人员。SSF 从高相关程度的潜在引文中提取与实体属性相关的内容。事实上，文本分析会议（Text Analysis Conferecne，TAC）中的知识库扩展（Knowledge Base Population）也引起了众多高校和研究单位的关注。另外，由美国国防高等研究计划署（DARPA）举办、Google 支持和资助的北美计算语言——人类语音技术（North American Chapter of the Association for Computational Linguistics: Human Language Technologies, NAACL-HLT）会议也发起了知识库自动构建和互联网文本知识抽取（Automatic Knowledge Base Construction and Web-scale Knowledge Extraction，AKBC-WEKEX）的研究主题。

与此同时，像 Twitter、Weblog、Microblog、Facebook、Webchat、QQ、arXiv 等网络平台，已经成为人们发布和获取信息的重要途径之一。特别是随着越来越多公众人物和机构通过微信公众号、微博发布或传播信息，以及普通大众通过微博、博客等社交媒体平台分享或传播发生在个人身边的事件信息，这些网络平台从满足人们弱关系的社交需求逐渐演变成为大众化的舆论平台。据统计，Facebook 用户每天分享上传的内容条目超过 25 亿个，数据每天增加超过 500 TB；一分钟内，Twitter 新发的推文超过 10 万条[3]。在这些由用户生成的数据中潜藏着大量的知识，成为在线百科知识库实体内容更新的重要数据来源。除了用户生成的数据外，如网络新闻报道也是实体内容更新数据来源之一。这些网络文本大数据都具有以下特点：

首先，网络文本大数据具有海量性。由于网络文本的生成包括 Facebook、人人网、开心网等社交平台的推文、微博、聊天、新闻标题、评论、微信等多种形式，更重要的是使用这些平台的人群庞大且呈上升趋势，导致网络文本的数量异常庞大，呈现出海量数据的特性。因此对于百科知识库内容更新，网络文本是最充足的数据来源。

其次，网络文本大数据具有实时性。由于网络文本需要的编辑时间碎片化、生成周期碎片化，网络文本内容通常在事件发生的第一时间就会产生，而且是实时发送，实时接收，对于热点话题和敏感事件还会立即转发。因此，其中的内容具有很强的实时性和快速传播的特点，能够反映最新的信息和事态进展情况。同时夹杂的评论和交互信息又包含了公众的情感倾向，具有很强的敏感性和分析价值。因此对于百科知识库实体内容更新，网络文本是最实时的数据来源。

最后，网络文本大数据具有个性化。网络文本的生成者大多数为普通民众，包含着大量与普通民众和普通事件相关的信息。将这些普通民众与普通事件称为长尾实体，其相关的信息通常大多不会出现在新闻媒体报道中，但却是用户最关心的，也是对于各种个性化应用最重要的。因此，网络文本中涵盖了长尾实体的个性化信息，所以对于百科知识库内容更新，网络文本是最全面的数据来源。

因此，研究从网络文本大数据中发现百科知识库实体更新的潜在引文知识，这将对百科知识库内容的充实性和实时性产生重要的意义。对该问题的研究不仅可以大幅度地充实完善在线百科知识库，提高用户的知识库使用体验，更可即时发现并更新实体的相关内容，为智能搜索引擎、知识问答、实体检索、热点发现、舆情跟踪、个性推荐等应用提供知识支持。

1.2 大规模知识库

1.2.1 知识的概念与分类

人类智能活动是一个获得并使用知识的过程，知识是智能的基础。搞清楚什么是知识，对研究人工智能具有重要意义。目前，在人工智能领域的研究中，对知识仍然没有一个一致的、严格的定义。不同的背景对知识有不同的理解和定义，蔡自兴和蒙祖强在《人工智能基础》中列出了 5 种典型的定义[4]：

[定义 1] 知识工程之父费根鲍姆（Feigenbaum）认为知识是经过归约、塑造、解释和转换的有用信息，即知识是经过加工的信息。

[定义 2] 伯恩斯坦（Bernstein）认为知识是由特定领域的描述、关系和过程组成的。

[定义 3] Hayes-Roth 认为知识包括事实、信念和启发式规则等。

[定义 4] 从知识库的观点看，知识是某个论域所涉及的各有关方面、状态的一种符号表示。

[定义 5] 知识可从范围、目的、有效性 3 个方面加以描述。其中知识的范围是由具体到一般，知识的目的是由说明到指定，知识的有效性是由确定到不确定。例如"为了证明 $A \rightarrow B$，只需要证明 $A \wedge \sim B$ 是不可满足的"，这种知识是一般、指示和确定的。但是像"桌子有四条腿"这种知识是具体的、说明性的和不确定的。

人类进入大数据时代，希望从大数据中获取知识，以此来克服知识获取的瓶颈。因此，为了更加全面地理解知识，下面介绍数据、信息、知识和智能之间的关系。数据（Data）是世界的计量和表征，表现为事实、信号或者符号。例如你每天跑步带的手环收集的是数据，网络上这么多网页也是数据。数据本身没有什么用处，但数据里面包含一个很重要的东西，叫作信息（Information）。它是从杂乱，经过梳理和清洗的数据中提取的有用数据，即信息是赋予了含义的数据。信息包含了很多规律，从信息中总结出来的规律称为知识（Knowledge），即知识是对信息进行加工而确立的，表现为加工的、过程的或者命题的信息。利用知识去作出决定和判断的经验称为智能（Intelligence），表现为"知因""知然"或"因何"。所以，数据的应用分为 4 个阶段：数据、信息、知识、智能，之间的相互关系如图 1.2 所示。

根据知识的特点，知识可分为静态知识、动态知识、表层知识、深层知识、过

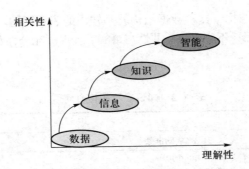

图 1.2　数据、信息、知识和智能的关系

程性知识、陈述性知识、元知识和启发式知识[5]，不同知识的特点见表 1.1。

表 1.1　知识的类型及特点

类型	特点
静态知识	不太可能改变的知识，如常识性知识
动态知识	记录在数据库中，进行动态更新，如知识推理过程的中间结果
表层知识	通过经验积累的知识，如鸟会飞
深层知识	通过推理得到的理论、证明和问题的规范等，如三角形内角和等于 180°
过程性知识	描述如何解决问题的知识，将某一问题领域的知识以及如何使用这些知识的方法一起隐式地表示为一个求解问题的过程
陈述性知识	描述已知的问题是什么，强调的是事物涉及的对象，是对事物有关知识的静态描述，是知识的一种显式表达形式
元知识	有关知识的知识，是高层知识，包括怎样使用规则、解释规则、校验规则、解释程序结构等的知识
启发式知识	引导推理过程的经验法则

1.2.2　知识表示

知识表示是研究用机器表示知识的可行性、有效性的一般方法，是一种数据结构与控制结构的统一体，既考虑知识的存储又考虑知识的使用。知识表示可看成是一组描述事物的约定，以便把人类知识表示成机器能处理的数据结构。知识表示主要关注用计算机表示关于世界的知识，可用以解决复杂问题（用知识才能解决的问题）。

自然语言是人类活动的主要信息载体，是人类的知识表示。将自然语言承载的知识输入到计算机，需要先对实际问题进行建模，然后实现基于此模型的机器符号表示，即数据结构。这种数据结构就是知识的表示问题。知识表示的核心问题包括原语、元表示、不完备性、共性与事实、表现的充分性和推理的有效性，见表 1.2。

表 1.2　知识表示的核心问题

核心问题	说明
原语	用于表示知识的基础框架
元表示	用于表示知识的知识
不完备性	将不确定性因子与规则和结论相关联，用于表示知识的不完备性
共性与事实	共性是指关于世界的一般性描述，如地球上所有的人都会死；事实是指共性中的具体事例，如苏格拉底是地球上的人，因此他会死
表现的充分性	想要的表示是如何表现的
推理的有效性	指系统运行时的有效性

典型的知识表示方法有语义网络、本体、逻辑表示、框架、产生式、脚本、面向对象，不同方法的定义见表 1.3。

表 1.3　知识表示方法及定义

知识表示方法	定义
语义网络	知识的一种结构化图解表示，它由节点和弧或链组成，节点用于表示概念、实体或情况等，弧线用于表示节点之间的关系
本体	共享概念模型的明确形式化规范说明，包含 9 个建模元素，分别是个体、类、属性、关系、功能项、限定、规则、公理和事件
逻辑表示	以谓词形式来表示动作的主体、客体，是一种描述性知识表示方式。利用逻辑公式描述对象、性质、状况和关系，主要有命题逻辑和谓词逻辑
框架	提供一个结构、一种组织，由描述事物的各个属性的槽组成，每个槽可有若干个侧面，每个侧面可以有若干个值
产生式	使用产生式规则来表示知识，产生式规则刻画了各种知识之间的因果关系，揭示了人类求解问题的行为特征，通常用 "IF P THEN Q" 的形式表示
脚本	框架的一种特殊形式，它用一组槽来描述某些事件发生序列，如同电影剧本中的事件序列一样，故称为脚本。由开场条件、角色、道具、场景和结果组成
面向对象	现实世界模型的自然延伸。对象是由一组数据和与此相关的操作构成，面向对象表示法中对象指物体、消息指物体之间的联系，通过发消息使对象间相互作用来求得所需要的结果

1.2.3 知识库及知识库系统

根据 MBA（Master of Business Administration）智库百科，知识库（Knowledge Base）是知识工程中结构化、易操作、易利用、全面有组织的知识集群，是针对某一（或某些）领域问题求解的需要，采用某种（或若干）知识表示方式在计算机存储器中存储、组织、管理和使用的互相联系的知识片集合。这些知识片包括与领域相关的理论知识、事实数据，由专家经验得到的启发式知识，如某领域内有关的定义、定理和运算法则，以及常识性知识等。

知识库最早出现在专家系统中，是专家系统的主要组成部分，用来存储某领域的专门知识。建立知识库，需要解决知识获取和知识表示问题。知识获取涉及知识工程师如何从专家那里获得专门知识的问题，知识表示则解决如何用计算机能够理解的形式表达和存储知识的问题。

一个知识库系统由知识库和推理引擎组成，其中，知识库表示事实，推理引擎则可以基于这些事实进行推理。

1.2.4 大规模知识库的定义

人类进入大数据智能时代后，一个新的术语"大规模知识库"（大知识）出现了，以此用来处理从大数据中挖掘大量知识的问题。因为，在大数据智能时代，机器要解决智能复杂问题，需要大知识的支持。要求大知识具有大规模、语义丰富、结构友好和质量高等特点，以此来支撑机器对语言的理解。中国科学院数学所的陆汝铃院士对大知识的一般本质特征进行了研究，给出大知识的具体定义，提出了大知识和大知识工程问题的 10 个 MC（Massive Characteristic）特征[6]。下面给出相关的 6 个 MC，以此来定义大知识和大知识系统。

[定义 6] 大知识（Big Knowledge，BK）是一个由结构化知识元素组成的巨大集合。知识元素可以是概念、实体、数据、规则，或者任何其他计算机可操作的信息元素。

大知识最主要的特征有以下 6 个。

[特征 1] 大概念（Massive Concept，MC1）。

大知识必须是巨大的。尽管数据是可数的，但是知识作为一个抽象的概念是不可数的，例如，不可以说"我有三个知识"。仅可以用知识元素的个数来定义大知识的数量。在知识的元素中概念是最重要的一类知识，它的数量应该是巨大的。每个概念能够由大知识搜索和推理函数单独处理，没有概念就没有知识。

通常，对大知识的数量提供一个界是非常困难的，但是可以试着给一个相对的数量。例如，英国大不列颠百科全书包含 228 274 个主题（概念），同时拥有

474 675 个子条目（子概念）；英文词典数据库 WordNet 包含 155 287 个字词（即实例），被组织为 117 659 个同义词组（即概念）；汉语字典包含 250 000 个条目或概念。如果考虑上面这些百科全书或词典作为大知识的例子，可以设置大知识数量的下界为 100 000 个概念。

[特征 2] 大连接度（Massive Connectedness，MC2）。

连接度指知识元素被连接的程度。例如，在一个神经系统中，神经元之间的关系是一个连接；在逻辑里，连接可以是一个关系；根据三元组（主体、谓词、客体），连接可以是一个事实。没有连接就没有推理，给定一个大知识，不仅它的连接数量重要，知识元素之间连接的一致分布更重要。因为对于具有良好结构的大知识，连接分布的一致性非常重要。

为了定量描述大知识的连接程度，需要把概念之间的关系和实例之间的关系区别开来。OpenCyc 版本 2、3、4 分别有 4.7×10^4 个、1.77×10^5 个、2.39×10^5 个概念，3.06×10^5 、1.505×10^6 个、2.093×10^6 个事实（也就是关系），事实大致是概念的 8 倍。从这个例子看出，概念之间的连接数量下界可以设为 1.0×10^6 。

对于连接分布的一致性，给出两个准则：

[准则 1] 节点对连接的平均率为 $m/(n \times (n-1))$ ，这里 n 是概念的个数，m 是概念对之间有连接的数量。

[准则 2] 局部节点对连接的平均率 $K(i)/(k(i) \times (k(i)-1))/2$ ，对所有节点进行平均，这里 $k(i)$ 是节点 i 邻接边的个数，$K(i)$ 是节点 i 邻居之间边的个数。

[特征 3] 大干净数据资源（Massive Clean Data Resources，MC3）。

针对这个特征，需要区别原始数据与干净数据资源。从大数据到大知识的升级过程中，原始数据源经历不断净化的过程。在净化过程中，原始数据被清洗、过滤、选择和转换到一个合适的形式。所有这些中间处理的结果，在清洗后应该保存和维护，作为干净的数据资源。这些干净的数据资源非常有用，如在数据丢失或损坏的情况下进行数据恢复；数据处理过程中的数据溯源；如果有新的信息需求时，进行数据的再挖掘；以及在其他应用中的应用。

注意大知识必须来自大数据，大数据是原始数据或任何存在的知识资源（例如，书、文章、报纸、视频，甚至是考古发现）。在本书中，现存的知识资源称为知识遗产。知识遗产经常以大粒度知识块的形式存在，需要首先转换成计算机可读的形式，然后分解成精细化的概念和/或实例表达。同样，干净数据资源不必要是计算机可读的形式，它们可以是可数的或不可数的，明确的或隐式的。如在考古学中，一个古老的坟墓在科学发掘前仅仅是一个原始数据源，仅在仔细挖掘和调查后，才变成干净的数据资源。这里称之为数据资源，是因为通常有价值的信息被坟墓隐藏，只有通过调查和研究之后，才能获得有价值的信息。

干净的数据资源通常是巨大的。例如，对于知识图谱的干净数据资源，可以是数据存储器的形式。如 OpenKG，有从 WEB 中节选的 1.2×10^9 个文档作为干净数据资源，而支持它的知识库有 2.0×10^7 个事实；或以数据分割的形式，如学习系统 NELL，有超过 5.0×10^7 个候选结果，其中 3.56×10^6 个有很高的可信度，其余 4.644×10^7 个候选结果是干净数据资源；或以共享数据的形式存在，如 DBpedia 的知识库仅有 4.58×10^6 个实体，但它干净数据资源的体量非常巨大。DBpedia 有多达 2.4×10^8 个链接指向外部的知识源，包括外部的 WEB 网页和可编辑的知识来源，如英文维基百科全书和 YAGO2。

但是，有时候干净数据资源也可以不是巨大的。例如，保存在龟甲、兽骨上的甲骨文，人们已经收集了 5000 个不同的古老中国字符，在它们当中仅有 2000 个字符被认出，其余 3000 个字符（加之书写它们的文件）保留作为干净数据资源。

最后，由于在不同的案例中干净资源与知识的比率有非常巨大的差异，对 MC3 设置 10 为大知识干净数据资源和它本身知识数量之比的下界。

[特征 4] 大案例（Massive Cases，MC4）。

大案例有两方面的意义，首先它表明大多数概念和关系有许多实例，其次也说明大部分知识组件有许多应用。对于第一方面，目前大部分流行的知识图谱大约有 1.0×10^7 个实体，事实数据在 0.1×10^9 到 1×10^9 之间[6]。对于第二方面，我们注意到，如维基百科有 1.8×10^{10} 页面视图，每月大约有 0.5×10^9 访问者。对于 WEB 上的开放源知识，可以用下载量来估算它的应用程度，例如，Miscrosoft 声称它的 "world-wide telescope" 已经被下载了至少 1×10^7 次。

[特征 5] 大可信度（Massive Confidence，MC5）。

大知识的大可信度意味着大知识中的大部分知识元素具有很高的可信度指标。从量化的角度，高可信度可以表达成如下形式：存在两个正实数 $m, n \leqslant 100$ 且 $|100 - \min(m, n)| < \delta$，这里 δ 是一个较小的数，使得不少于 $m\%$ 知识元素的可信度不小于 $n\%$。

对于数量度量，在谷歌的知识仓库 Knowledge Vault 中，16% 事实的可信度达到了 0.9。尽管 YAGO2 报告，通过随机检查，它的可信度以概率 95% 达到 0.9，但是基于自动知识获取得到的知识图谱，它的一般可信度比较低。在上面的公式中，$n = m = 80$ 是一个能够达到的合理标准。

实践中，上述这些 MCs 特征不是同等重要。根据实际，有满足如下规格的不完美大知识定义：大知识必须的特征是 MC1、MC2 和 MC5，而 MC1—MC5 加起来作为它的充分特征。

这个规格有助于将大知识与大数据区别开来。大知识也有消极的一面，正如大数据具有的消极特性一样：大数据是数据库，但它的规模超过了传统数据库软件工具捕获、存储、管理和分析的能力。不同于大数据具有的易获得、分析和使用困难的特点，大知识的构建和维护困难，但是一经构成，很容易使用。这主要由于大知识所包含组件和元素的巨大规模、丰富的结构化信息内容、精致复杂的组织架构、高可信的要求和对各种应用程序的有效性等特性，这些都超出了传统知识工程方法构建和管理的能力。

给定上面大知识的特征，考虑大知识的终极目标是尽可能好地服务社会。一个大知识系统（Big-Knowledge System，BK-S）应该包括高级算法、技术和工具来解决在规定领域的各种问题，以及提供友好的知识服务。所有这些功能超过了传统知识工程方法。由此得到下面的特征 6：

[特征 6] 大能力（Massive Capabilities，MC6）。

这个特征需要两方面大知识的能力：① 解决巨大领域特定问题的专业能力；② 大知识系统提供的高质量知识服务，需要向目标用户提供友好的能力。

基于大能力 MC6 特征，给出大知识系统的定义。

[定义 7] 大知识系统是由知识元素和功能元素组成的系统，其中知识元素满足 MC1—5，功能元素实现了 MC6 的能力。

换句话说，所有上面的 6 个 MC 特征加在一起组成了大知识系统的完全定义。

1.2.5　大规模知识库案例

维基百科（Wikipedia）是一个著名的在线百科全书，共使用 299 种不同的语言，所有的文章由自愿编辑者编辑和创建。它是互联网上最大和最流行的通用参考知识库，被评为最受欢迎的网站之一。根据大知识满足的 5 个特征来检查维基百科。

1. 特征 MC1 满足

截至 2017 年 9 月 30 日，维基百科拥有 4.65×10^7 篇文章，涉及 299 种语言。其中，英文维基百科发表了 5 512 475 篇文章，年增长 11.8%。维基百科中，每篇文章介绍一个主题，主题一般被认为是一个概念或一个实体，另外，每篇文章可能包含多个其他相关概念或实体。根据随机选择的 500 多篇文章，统计得出概念所占的文章数量达 24.8%。由此，估计英文概念文章大约有 1.4×10^6 篇。这就是说仅仅英文维基百科中概念所占的数据就达到了 MC1 的规格（1.0×10^5 个）。除此之外，在过去的几年里，每个月增加 10 000 篇新文章，例如，2017 年 9 月，12 937 篇新文章被增加到维基百科中，这说明维基百科中的概念、实体的数量仍然在快速增长。

2. 特征 MC2 满足

截至 2017 年 9 月，维基百科有 3.09×10^8 个内部链接、1.3×10^8 个相互链接和 2.55×10^7 个外部链接，3.9×10^7 个重定向链接。如上所述，DBpedia 从英文维基百科中借用了 5.8×10^8 个不同链接。关于链接的一致性，表 1.4 统计了英文、中文和德文维基百科文章中的内部链接。

表 1.4 维基百科中链接一致性统计情况

类别	节点数量	边（链接）数量	链接一致性度量
Wikipedia（英文）	11 699 099	519 092 989	0.999 5
Wikipedia（中文）	1 699 387	65 656 260	0.999 8
Wikipedia（德文）	3 469 352	91 131 146	0.998 8

3. 特征 MC4 满足

从 2014 年 2 月起，维基百科每月有 1.8×10^{10} 个网页浏览量和 5.0×10^8 个不同的访问者，这说明大部分知识元素（即概念和实体作为维基百科文章）有许多应用，至少它们被大量地查询和使用。

4. 特征 MC5 满足

从 2017 年 3 月起，维基百科有大约 40 000 篇高质量的文章（特征文章），覆盖了多个重要的主题。2005 年,《Nature》报告维基百科的准确水平接近大不列颠百科全书[6]。

5. 特征 MC3 不满足

维基百科是以众包的模式工作，没有数据库来收集资料作为维基百科文章的干净数据资源。每篇文章中的参考文献即引文不能被认为是干净的数据资源，因为所有的参考引文都以原始的形式保留，没有被以任何方式进行加工或半加工，从而不能作为干净数据资源；另一方面，尽管维基百科保留每篇文章的所有修改踪迹，但是这些修改踪迹也不能被认为是干净数据资源，它们仅仅对溯源有用，对进一步挖掘，它们不提供任何新信息。

由于特征 MC3 不是大知识的必要条件，因此，综上分析，在线维基百科构成大知识，即大规模知识库。

1.2.6　大知识工程

费根鲍姆曾经定义知识工程为"设计和构造专家系统和其他基于知识系统的艺术。"但是，大知识和大知识系统的 MC 特征是如此巨大和复杂，使得传统知识工程技术不能构造高级大知识系统。为此，陆汝钤[6] 提出以下特征。

[定义 8] 大知识工程（Big-Knowledge Engineering，BK-E）是指大知识系统的工程，即使用科学的方法获取大知识，以及设计、构造和应用大知识系统作为一个强烈有意义的目标艺术，遵循下面定义的生命周期。

推论　大知识工程具有下述显著特征：

● 大目标　在开始阶段，确定大知识工程的科学或应用目标具有重大的本质意义，特别是大知识工程的框架设计，构架设计将被开发和长期演化。

● 大数据　拥有各种可能形式的大数据，使用高级的数据分析技术去处理、挖掘和管理它们。

● 大知识　具有大知识挖掘、组合、融合和管理的超级能力。

● 大技术　充分使用所有可获得的技术和工具挖掘、验证和结构化知识。

● 大服务　开发有一系列超强的技术和工具满足所有潜在大知识系统用户需要。

● 大生命周期　知识获取和更新的过程是无限的，管理和服务能力的提升和更新也是无限的。所以，大知识工程一直在运转，无论何时大知识系统都在服务。它的量化依赖它所建立的模型，下面给出其中可能的一个生命周期模型。

大知识工程的生命周期：

① 分析阶段：确定大知识和大知识系统的科学目标和服务目标。

② 设计阶段：确定大知识框架和大知识系统的结构。首先要有一个大知识管理系统，如文献 [7] 中给出的 KGMS，这可以成为这种类型的一个原型。对于知识的表示，可以参看本体结构的例子或语义 Web 的表示。

③ 工具开发阶段：为知识获取、系统构建和用户服务开发技术和工具，例如，实现机器学习算法如 OpenIE 方法和知识嵌入技术。

④ 知识收集阶段：使用所有可能的技术，从所有可能数据源获取和测试数据和知识碎片，构建干净数据资源，例如，从别的数据源抽取信息和/或为了获取数据探索网络内容。

⑤ 集成阶段：通过分解、挖掘、转换和融合所有知识到框架来构建大知识。用第三阶段开发的工具组合大知识来构造大知识系统，例如，概念知识融合或多

语言数据源集成。

⑥ 评估阶段：根据 MC1—MC5 测试大知识，或者如果需要，用其他 MC 特征来测试大知识，并为知识元素赋可信度值，如自信度计算或知识补全。

⑦ 校验阶段：根据 MC6 特征来测试大知识系统，如果需要还可以使用其他 MC 特征，检查知识管理和服务功能的可获取性和正确性，例如，谷歌知识图谱的搜索助手和协作 Web 服务推荐。

⑧ 应用阶段：应用大知识系统到实践案例。如果需要，保持系统运行和并行克隆一个线程来反馈信息到前面的阶段。例如，OpenKG 对每天的新闻进行过滤和推荐，NELL 是从不结束的语言学习系统。

1.3 大规模知识库引文推荐技术的相关研究现状及趋势

本书的工作主要集中在知识库实体、文本大数据流以及二者之间的相关性分析，近年来，这些研究内容经常出现在众多国际顶级会议（如 WWW、SIGKDD、EMNLP、ACL、SIGIR 等），反映了该研究方向的重要性，得到了国内外学术界的普遍重视。

1.3.1 在线知识库累积引文推荐

百科知识库对于知识的整理和利用具有重要意义，例如 Wikipedia、百度百科已经成为人们日常生活中获取或查询知识的主要平台。但是，百科知识库内容的即时性已经成为影响知识库广泛应用的障碍。国际文本检索大会 TREC 是信息检索领域最有影响力的国际会议，引领着信息检索领域的新成果和新技术。2012年，TREC 发起了知识库加速（Knowledge Base Acceleration，KBA）竞赛，其中累积引文推荐（Cumulative Citation Recommendation，CCR）任务是利用自然语言理解和信息检索的技术，从文本大数据流中识别与知识库中目标实体相关的文档，同时按照不同的相关程度推荐给知识库的维护人员，知识库维护者依据不同的相关程度对文档进行处理[1]。

从参赛队伍提交的结果看，依据是否使用标注数据，CCR 分为无监督和有监督两种方法。

无监督方法的主要代表有：Gross 等人[8] 提出的词项关联分析（Term Association Analysis）的命名实体过滤方法，以及特拉华大学 Liu 和 Fang[9] 提出的基于实体主页的自动知识发现方法（Entity Profile Based Approach in Automatic

Knowledge Finding）。词项关联分析方法利用词项共现概念图来建模目标实体，首先识别目标实体维基百科页面中的相关实体，并为每个目标实体构建一个加权无向概念图（Concept Graph），类似地对候选文档也构建加权概念图，接着计算两个概念图之间的相似度，最后依据给定的阈值来判断该文档是否与目标实体相关，相似度大于给定阈值的则相关，小于给定阈值的则无关。基于实体主页的自动知识发现方法，首先利用目标实体维基百科页面中的锚文本提取与目标实体所有相关的实体，然后计算候选文档与目标实体和相关实体的加权分值，依据给定的阈值，判断文档与目标实体是否相关。其中，加权系数有 2 个，一个系数作用于目标实体，另一个系数作用于所有与目标实体相关的实体上。

有监督方法是利用 KBA 标注数据，将 CCR 任务看作分类问题或者排序问题。其典型代表是获得 2012、2013 和 2014 年 KBA 评测任务第一名的相关工作[10]。2012 年，约翰·霍普金斯大学 Kjersten 和 McNamee 提交的结果在 11 个参赛队中获得第一名；2013 年，王金刚等人代表北京理工大学和微软亚洲研究院参赛，获得第一名；2014 年，蒋敬田等人代表微软亚洲研究院参赛，在 11 个参赛队伍中获得第一名。Kjersten 和 McNamee[11] 首先提取文档的一元文法（Unigram）特征和命名实体特征，接着使用哈希的方法对提取的特征进行降维，最后为每个实体单独训练一个支持向量机，以此来判断文档与目标实体是否相关。Wang 等人[12] 分别采用了分类和排序的方法对 CCR 进行建模，其关键点有两个：一是使用查询扩展方法对目标实体进行扩展，组成新的查询，并以新组成的查询从文本流中检索与目标实体相关的文档；二是提取 5 种类型的特征。5 种类型分别是：① 与目标实体本身相关的特征，如实体类别；② 文档相关特征，如文档来源、文档长度和文档发表时间等；③ 实体与文档的关联特征，如文档中出现目标实体的次数和位置等；④ 文档特征，文档与实体主页不同部分的相似度等；⑤ 时间相关特征，统计文档流中实体日均出现的频次统计。最后为所有目标实体分别训练一个全局分类器和排序器，以此来判断文档是否与目标实体相关。2014 年 Jiang 等人[13] 除了使用时间、文档、实体等常规特征外，还引入了实体动作模式（Action Pattern）特征，并使用 reverb 抽取文档中目标实体的动作模式，以此作为 CCR 的主要特征为每个目标实体训练一个排序模型，并对测试集结果进行重新映射。实体动作特征的使用显著提升了引文推荐效果，其中，实体动作模式基于如下观察：一个含有描述目标实体动作句子的文档很有可能成为目标实体的重要相关文档。

近年来 KBA 任务的研究逐渐升温，许多研究者分别从特征和模型两个维度进行探索，提出很多针对 CCR 任务有效的特征和复杂的模型，显著提高了目标实体累积引文推荐的性能。例如，挪威 Stavanger 大学 Balog 与 Ramampiaro[14] 比较了分类方法和排序方法在 CCR 任务上的表现，得出排序学习方法优于分类方法的结论。具体来说，他们首先在 TREC-KBA-2012 数据集上提取了 68 个人工设计的特征，涉及文档特征、实体特征、文档与实体关系特征和时序特征；其次在使用相同特征集的前提下，实验 J48 和随机森林（Random Forest）分类方法，以及与 Random Forests 点排序、RankBoost 样本对排序和 LambdaMART 列表排序学习方法的比较。实验结果显示，排序学习方法优于分类方法。在排序方法中，Random Forest 的点排序获得最好的推荐性能。2015 年日本 Kobe 大学 Kawahara等人[15] 提出一个框架，检测文档流中与目标实体相关的重要文档。该框架使用了3 个语言模型，第一个是由目标实体主页文章构成的一元文法（Unigram）语言模型（Knowledge base Article Language Model，KALM），第二个是标注数据中与目标实体重要相关的文档组成的语言模型（Vital Language Model，VLM），第三个是文档的语言模型，该语言模型使用 Dirichlet 平滑技术以及 Google-Ngram的上下文语言模型来构建文档语言模型。利用文档语言模型和 VLM 或 KALM，分别计算文档与实体的负 KL-divergence，以此来判断文档与目标实体的相似程度。该框架在 TREC-KBA-2014 数据集上取得比较好的性能。2015 年，Wang 等人[16, 17]，在 SIGIR 和 EMNLP 会议上分别发表了实体类依赖的混合判别模型和文档类依赖的混合判别模型，用来解决 CCR 任务，比较之前的结果，该方法提升了 CCR 的性能。在以前的 CCR 任务研究中，抽取出的特征不加区分，直接作为机器学习模型的输入。实体类依赖的混合判别模型引入一个隐变量来建模实体类别信息，从而把实体特征和其他特征区别开来，进而构建一个包含实体类别信息与实体–文档对相关的全局混合模型。同样，文档类依赖的混合判别模型也引入一个隐变量来捕获文档类别信息，从而把文档特征与其他特征区别开来，但是从实验结果来看提升的效果不是很明显。

1.3.2　命名实体链接

随着在线知识库在大数据时代逐渐显现出来的巨大作用，近年来关于知识库的研究得到了学术界和产业界的广泛关注，其中一个热点研究方向就是命名实体链接（Named Entity Linking，NEL）。最近几年国际文本分析大会（Text Analysis Conference，TAC）的知识库扩展（Knowledge Base Population，KBP）竞赛中都包括了实体链接任务。由于多样性、歧义性是自然语言固有的属性，一词多义和多词一义（例如，"苹果"既可以表示一个 IT 公司又可以表示水果）是自然语言表达中常见的现象，如何从大数据流中准确获取目标信息，给计算机处理信息能力带来了巨大的挑战。命名实体链接是将文本数据转化为带有实体标注的半结构化文本，以实现实体消歧。一方面，实体链接技术在提升用户阅读体验，提高在线推荐系统性能，增强搜索引擎的信息过滤能力方面逐渐体现了它的优势；另一方面，实体链接技术能够快速准确地获取目标实体信息，从而加快知识库的更新和扩充。

命名实体链接实现从文本内容到知识库中实体的映射，是把文本的实体指称（Mention）链接到知识库中一个无歧义的实体上，包括生成候选实体、排序候选实体和预测未链接指称等技术[18]。图 1.3 所示的文本中指称牛顿被链接到百度百科牛顿实体。

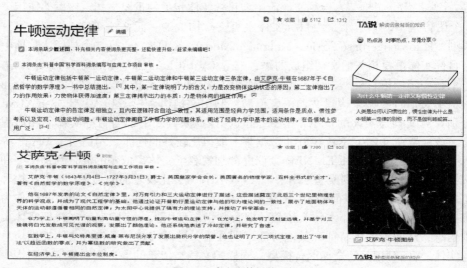

图 1.3　命名实体链接示例

实体消歧的优劣直接决定了命名实体链接的准确性。因此，命名实体链接主要应用集中在百科知识库（如 Wikipedia、百度百科）进行命名实体消歧（Named Entity Disambiguation，NED），其任务是给定一段包含命名实体指称（地名、组织名、人名、事件等）的文本和相应的候选实体集合，从中发现这些命名实体指称对应的候选实体，将文本内容和知识库中对应的实体进行链接。2007 年，Mihalcea 等[19] 开发了 Wikify! 系统。Wikify! 首先采用 TF-IDF、卡方值等相关度指标对文本的核心内容进行确定；然后计算文本的核心内容与候选实体主页的重合度，根据重合度对候选实体进行排序；最后把排序最前的实体和文本中的指称进行映射。2008 年，Medelyan 等[20] 也做了类似的工作，其中一个亮点是首先建立以维基百科实体主页题目为语料的词典，然后利用该词典构造文档的主题索引。

鉴于概率生成模型（Probability Generative Model）在机器学习中的重要地

位，2011 年 Han 等人[22] 提出实体指称的概率生成模型。模型的生成过程确立了三部分概率，分别是候选实体出现在文本页面中的概率 $P(e)$，实体 e 被表示为实体指称项 s 的概率 $P(s|e)$，实体 e 出现在文本上下文 c 中的概率 $P(c|e)$。最后用三部分的概率乘积刻画实体指称与候选实体的相似度。Blanco 等[21] 利用散列技术与上下文知识，提出搜索查询实体链接的概率模型，有效地提高了实体链接的效率。

在自然语言处理领域，主题模型（Topic Model）取得了巨大成功。2011 年 Zhang 等人[23] 分别对实体指称所在的文档和候选实体主页进行 LDA 主题建模，利用 LDA 主题特征计算实体指称和候选实体的上下文语义相似度，从而消歧得到目标实体。同样是 2011 年，Kataria 等人[24] 提出实体消歧的层次主题模型，利用整个维基百科语料库来建模单词–实体关系，建模实体的共现模式。2013 年 Shen 等人[25] 提出了用户兴趣的主题模型应用于实体链接任务，该模型首先建立命名实体关系图，利用实体的局部信息对图中的每个顶点赋予初始的兴趣值，通过传播算法在图中进行兴趣传播迭代，最后选择兴趣值最高的候选实体为目标实体。

知识库中实体之间存在丰富的超链接关系，近年来基于图的实体链接方法取得了良好效果。2011 年 Han 等人[26] 首先构造一种图，然后利用传播算法对图进行计算，图中的节点由所有实体指称和候选实体组成，图中的边由候选实体之间的关系、实体指称和其对应的候选实体两部分构成，边的权重分别由实体间语义相关度和局部文本相似度来确定。算法首先初始化不同实体的置信度，然后对置信度在图中进行传播和增强。同样在 2011 年，Hoffart 等人[27] 提出把实体消歧问题转换为寻找稠密子图（Dense Sub-graph）方法。首先利用实体的先验概率、实体指称和候选实体的上下文相似度以及候选实体之间的内聚性构成一个加权图，从构成的加权图中发现一个候选实体的密集子图，以此作为最可能的目标实体分配给实体指称。2014 年 Alhelbawy 等人[28] 也利用候选实体构造图，采用 PageRank 算法对图中节点进行排序，最后利用 Rank 结果选择目标实体。

国内在命名实体链接方面获得了许多有国际影响力的成果。2011 年 Guo 等人[29, 30] 提出了基于图的实体链接方法。Han 等人[26] 于 2011 年提出实体指称融合异构实体相关知识的方法，利用图的随机游走和协同推荐算法对文本主题进行一致性检验。2012 年 Han 等人[31] 又提出了基于实体主题模型融合实体知识的实体链接算法。Zheng 等人[32] 于 2010 年提出基于排序学习的维基百科知识库的实体链接方法。2012 年，Zheng 等人[33] 又提出了 Freebase 的实体链接方法。2013 年 Shen 等人[25] 提出基于用户兴趣的主题模型解决实体链接任务的方法。北京大学王厚峰等和微软亚洲研究院 He 等人[34] 于 2013 年合作研究提出了一种用于实体消歧的实体表示学习方法。该方法基于语义相似度方法利用深度神经网络对文档和实体进行表示，但该方法对同一文本中同时出现的实体没有考虑它们之间的相关性，因此属于局部方法。

近年来，一些学者开始研究短文本的实体链接，如社交网络文本的实体链接。由于短文本由终端用户生成，数据量大，蕴含了丰富的与实体相关的碎片化知识，成为知识库实体链接研究新的研究方向。由于短文本长度短，而且上下文稀疏，因此相对于长文本的实体链接方法不再适用于短文本。目前，大部分针对短文本实体链接的工作，主要关注如何挖掘短文本的额外特征，以此扩充实体的背景知识。Shen 等人[25] 引入用户兴趣模型，实现了 Tweet 文本的实体链接。Guo 等人[35] 利用组合结构，学习一阶、二阶和上下文敏感特征的短文本实体链接方法。Attardi 等人[36] 建模 Tweet 的嵌入表达，同时实现了实体的识别与链接。Meng 等人[37] 通过组合维基百科和搜索引擎返回的结果，实现了中文微博的实体链接。这些方法的有效性依赖于外部挖掘信息的质量。

实体链接关注的是如何把文档中的实体指称链接到知识库中的实体，进行实体消歧，从而提高文档的可读性。而百科知识库加速关注从网络文本流中发现并识别与目标实体有重要或有用的相关引文。

1.3.3　命名实体分类

大数据时代，数据以不可预测的速度增长，这给知识库的更新带来巨大挑战。近年来，命名实体分类成为知识库更新研究的一个热点[38]。通过命名实体分类，可以实现对新识别实体进行的准确知识库编辑，加快知识库的扩充更新。另外，通过命名实体分类，可以有效识别用户的搜索意图，获得更加精准的检索结果，提高搜索结果的展示质量，展现知识库的能力。

命名实体分类是把从文本中获取的命名实体进行类别标注[39]。根据类别标注的不同粒度，命名实体分类可以分为细粒度方法和粗粒度方法。其中，粗粒度方法把实体分为人名、机构名、地名、日期等类别；细粒度方法利用知识库提供的分类信息，对实体进行细致的类别标注。依据是否使用标注数据，命名实体分类又分为有监督、半监督和无监督的方法。

半监督或无监督的命名实体分类，由于使用少量的人工标注数据或不使用任何标注数据，吸引了许多研究人员对其进行研究。其中，半监督代表性的工作有 Collins 等人[40] 提出的投票感知机方法，以及 Philipp 和 Völker[41] 提出的基于本体的分类方法。Collins 等人使用一个初始制定的规则集，对候选的实体模式进行分类，并积累候选实体模式出现的上下文；然后把出现频率最高的上下文加入规则集，进行依次迭代，最终完成对所有候选实体的分类，此种方法适合粗粒度的分类。Cimiano 和 Johanna 根据 Harris 假设和向量空间模型，计算实体上下文与本体中概念的相似度，把与本体中最大相似度的概念作为实体的类别。无监督方法中，实体分类不使用任何人工的标注数据，其代表性的工作有：Enrique 和 Manandhar[42] 利用 WordNet 进行的实体分类方法；Claudio[43] 提出的基于核函数的无监督细粒度分类方法；Nakashole 等人[44] 基于 PATTY 语义类型规则，提出了一种实体分类方法 PEARL；以及 Shen 等人[45] 提出的图模型细粒度实体分类方法等。虽然半监督或无监督的命名实体分类工作取得了一定的进展，但它们的准确率无法满足实际的要求，仍然是科研人员需要进行深入研究的课题。

有监督粗粒度的命名实体分类方法取得了丰硕的成果，典型的方法有 Finkel 等人[46] 提出的基于条件随机场的方法、Zhang 等人[47] 提出的基于隐马尔可夫模型的方法，以及 Asahara 等人[48] 提出的基于支持向量机的方法等。其中最著名、应用最广的是斯坦福大学开发的 NER 软件工具包，它对经典的条件随机场模型进行扩充，使用模拟退火算法代替维特比（Viterbi）算法进行解码，引入全局特征，并用 Gibbs 采样进行推理。在 CoNLL (Computational Natural Language Learning) 规定的四分类 person (PER)、location (LOC)、organization (ORG) 和 miscellaneous (MISC) 的实体分类任务上，取得了非常显著的效果。国内比较著名的实体分类系统是由张华平等人开发的 ICTCLAS 工具[47]，该工具基于隐马尔可夫模型，把汉语的分词、实体识别与分类等任务都统一到一个框架中。

尽管有监督粗粒度的实体分类方法取得了显著的成绩，但它们需要设计丰富的人工特征，以及大量的标注数据。当相同的方法应用到细粒度的实体分类时，方法的性能迅速降低。因为知识库一般包含成千上万个类别，此时需要规模巨大的训练数据，实践中几乎不可能完成大规模的数据标注。为了缓解有监督细粒度实体分类带来的问题，近年来有许多学者开始尝试使用深度学习，来解决实体的细粒度分类问题。2015 年，Yogatama 等人[49] 提出细粒度实体分类的嵌入式表达方法，建模特征和类别的联合分布式表达。2016 年，Suzuki 等人[50] 利用维基百科实体主页之间的超链接文本，构建实体的上下文，采用 Skip-gram 模型学习实体的分布式表达向量，最后利用分类模型对实体进行分类。2017 年，Cui 等人[51] 提出一个关系增强的神经网络模型，该模型由 4 个神经网络混合而成，分别建模实体提及特征、上下文特征、关系特征和已知实体特征，来解决实体的细粒度分类问题。

1.3.4 突发特征挖掘

在文本流（例如，电子邮件、搜索引擎的用户查询日志、微博、微信和 Twitter 等）分析中，突发特征挖掘（Bursty Features Mining）已经成为文本分析的基础方法之一[52]。突发特征挖掘是从文本流中查找和某个事件相关的突发活动，其广泛应用于信息检索、文本挖掘任务中，包括文档表示和聚类[53]、文档检索[54]、事件检测[55, 56]、商业日志挖掘[57]、博客挖掘[58] 和主题建模[59] 等。

突发特征挖掘起源于话题检测和跟踪 (Topic Detection and Tracking, TDT)[60]。话题由一个关键事件以及与其直接相关的事件或活动组成。例如，关于"某某飞机失事"与"失事飞机搜寻"和"事故遇难者葬礼"的报道都可以认为是与飞机坠毁事件直接相关的事件，因此由 "某某飞机失事""失事飞机搜寻"和"事故遇难者葬礼"组成某某飞机坠毁这个话题。1998 年，美国国家标准技术研究所 (NIST) 首次举办话题检测与跟踪国际会议，并进行相应的公开评测竞赛。评测的参赛单位有 IBM Watson 研究中心、马萨诸塞大学、卡内基梅隆大学、宾夕法尼亚大学、BBN 公司、马里兰大学等知名大学和研究机构，中国的一些单位也参与了 TDT 的评测，如台湾大学、香港中文大学等。TDT 评测由新闻报道切分、新事件识别、报道关系识别、话题识别和话题跟踪 5 部分组成[60]。针对 TDT 的研究任务，许多科研人员把研究的重点集中在如何识别出现的话题趋势上，尤其在新事件的识别上做了大量的研究工作[61]。

突发特征是指文本流中的词或短语在一定的时间内频率突然激增的活动，可以表示为词或短语及其突发活动的时间区间[52]。突发特征检测 (Bursty Feature Detection) 技术是事件检测、文档分析的关键技术。2002 年，康奈尔大学 Kleinberg[62] 在这方面做了开创性的工作，其利用二元有限状态自动机模型，定义两个状态的高频和低频的出现概率，以及文本流词频变化的状态转换概率，当自动机从低频状态转移到高频状态时，系统检测出突发特征。该模型不仅能检测单一的突发特征，还可以得出层次化的突发特征结构，并成功地应用在电子邮件和科研论文的热点检测上。在此之后，研究者们提出了许多有效的突发特征检测算法。2004 年，Vlachos 等人[63] 提出了移动平均法用来检测突发特征，首先根据原始序列计算移动平均序列，其次计算移动平均序列的平均值和方差并获得阈值，最后利用此阈值计算突发特征。2005 年，Fung 等人[64] 提出特征轴聚类方法 (Feature-pivot Clustering)，该方法是一种无参概率检测算法，大大提高了突发检测算法的效率。在后续工作中，Fung 等人[65] 又提出时间依赖的层次构建算法，首先根据时间和上下文信息抽取事件的突发特征，然后利用突发特征来过滤相关文档，并层次化组织相关文档。2007 年，新加坡南洋理工大学 He 等人[61] 在经典的词袋模型中融入突发特征，提出了文本表示的一种新模型，用来解决文档流中隐藏的动态信息，此模型显著地提升了文本聚类性能。在其后的工作中，He 等人[53] 进一步提出突发特征向量空间模型，给出了 5 种突发特征表示文档的方式。

北京大学 Zhao 等人[66] 于 2012 年提出基于突发特征词的文本表示模型，将文本映射到突发词向量空间上，其权值由词的 TF-IDF 和突发特征权值相乘而得。

与传统的向量空间模型相比，有效减少了文本的表示维度，同时获得了很好的实验效果。2015 年，Zhao 等人[52] 又提出基于一阶语言模型的突发特征表示模型，为突发特征词提供语义表达，利用此模型对突发特征词的上下文进行排序，同时利用排序的结果为突发特征词自动进行语义解释，实验取得了良好效果。

从网络文本大数据中搜索并发现与百科知识库实体重要相关的引文包括实体和文本两个方面，已有的研究结果证明利用实体突发时序特征，可以有效地提高百科知识库过滤重要相关引文的性能[67]。

1.3.5 信息推荐

人类社会进入了大数据时代，数据量极度膨胀，人们面临极度的信息过载 (Information Overload) 问题。信息推荐与过滤技术是解决信息过载的重要手段，具有重要的理论与商业价值。信息推荐与过滤 (Information Recommendation and Filtering) 简称信息推荐，是指根据用户的兴趣、习惯或偏好，从不断到来的信息流中识别出满足用户兴趣信息的过程[1]。典型的应用有垃圾邮件过滤系统，该过滤系统使用用户信息及偏好设置区分出垃圾邮件和正常邮件，并把正常邮件推荐给用户。

信息推荐主要包括 3 类方法：基于内容过滤 (Content-based Filtering) 的推荐方法[68-70]、基于协同过滤的推荐方法[71] 和融入外部资源的推荐方法[72, 73]。基于内容过滤的推荐方法也称为基于感知过滤的方法，其基本思想是向用户推荐与其喜欢物品相似的物品，通过直接计算用户兴趣和物品的相似度进行推荐。基于协同过滤的推荐方法常称为基于社会过滤 (Sociological Filtering) 的方法，是目前使用最广泛的一种推荐方法。该方法以"物以类聚、人以群分"为指导思想，认为喜欢相似或相同物品的用户其偏好也相似，具有相似偏好兴趣的用户也喜欢相似的物品。融入外部资源的推荐方法是为了缓解数据稀疏性而提出的一类推荐方法，包括社会化过滤、位置信息过滤、知识库过滤和多模态数据过滤。

信息推荐通常被作为分类问题。给定目标用户集合和物品 (根据任务不同，物品可以是文档、商品、电影、音乐、餐厅等) 集合，通过建模用户和物品的相关性将物品分为相关和不相关两个类别。常见模型有字符串匹配模型 (String Matching)[74]、词袋模型 (Bag-of-Words)[75] 和布尔模型 (Boolean Model)[76]，高级的模型有潜在语义索引模型 (Latent Semantic Indexing)[77]、马尔可夫模型 (Markov Model)[78, 79]、贝叶斯网模型 (Bayesian Network Model)[80, 81]，当前流行的信息推荐模型有深度神经网络模型 (Deep Neural Netwoks)[82-86] 等。近年来知识库累积引文推荐任务使用的模型有词项关联分析法[8]、一元文法模型[11]、判别混合模型[16] 等。

信息推荐 (或信息过滤) 系统通常使用一组关键词作为用户的偏好兴趣，一般通过检索的方式完成。而知识库累积引文推荐研究的对象是实体，相对于关键词，实体包含了更丰富的信息，包括其说明、类别和同其他实体的关系等。

可以看出，保持百科知识库内容的时效性已经成为近年来国内外的研究热点，知识库加速 (KBA) 涉及实体链接、实体分类、实体突发特征检测、信息推荐等多项重要技术，跨越自然语言理解 (NLU) 和信息检索 (IR) 两个研究领域。其中，实体–引文相关性分析给知识库加速带来了很大的挑战，其研究成果主要集中在特征和模型两个方面。

1.4　引文表示方法

实体–引文相关性分析包括实体和引文两类信息文本，其中，实体的主页为实体提供了较详细的描述，而引文来自网络文本大数据流。二者的一个共同特点是它们的文本长度不一致，因此，将不同长度的文本信息作为一个计算模型的输入是一个具有挑战性的问题，这也对文本表示模型和计算模型提出了特殊的要求。常用的文本表示方法为特征表示法，高级的方法有主题模型，更复杂的方法有基于深度神经网络的分布式表示方法。

1.4.1　特征表示法

在自然语言处理领域，为了简化文本表示，文本经常以特征表示的方式出现。常用的特征表示方法是向量空间模型 (Vector Space Model)，典型的代表是词袋 (Bag of Words) 模型。词袋模型中常用的特征是一元词、二元词组、三元词组、多元词组 (N-gram) 和针对词性等属性获得的模板。词袋模型认为词与词之间是"互不相关，相互之间是独立的"，忽略了词与词之间的语义联系以及句子的结构信息。利用词袋子模型，每篇文档 (文本) 表示成长度为词汇表的一个特征向量，其特征向量的每一维代表一个词项。向量中每个元素的权重可以使用词频 (Term Frequency) 或 TF-IDF (Term Frequency-Inverse Document Frequency) 来表达。由所有词项组成的向量维度一般可以达到几万甚至几百万的数量级，这样组成的向量包含了大量的噪声 (如停用词、语气词等)，会影响后续的模型计算，因此需要进行特征选择 (Feature Selection) 和特征提取 (Feature Extraction)。

常用的特征选择方法有信息增益 (Information Gain)、互信息 (Mutual Information) 和卡方统计 ($\mathcal{X}^2$ Statistic)[87] 等。词袋子模型从提出以来，得到了极其广泛的应用，例如百度、Google 等搜索引擎目前仍将其作为文档检索模型中的表示方法。尽管向量空间模型简单高效，但是它不能有效应对自然语言中一词多

义 (Polysemy) 和一义多词 (Synonymy) 的情况。显然，像 "apple" 是指吃的苹果还是著名的苹果公司这种现象，向量空间模型是无法区分的。上述问题的形成主要是没有考虑文本隐藏的语义，针对此问题研究者提出了许多降维技术，常用的方法有主成分分析 (Principal Component Analysis，PCA)[88]、独立成分分析 (Independent Component Analysis，ICA)[89] 和潜在语义分析 (Latent Semantic Analysis，LSA)[90]，其中 LSA 是典型的代表。潜在语义分析基于 Harris 分布假设 (Distribution Hypothesis)[91]，即 "如果两个词的上下文相似，那么这两个词也是相似的"。这样采用词项–文档的共现矩阵来进行词的表示，通过矩阵的奇异值分解 (Singular Value Decomposition，SVD)[92]，经过简单的线性代数运算，获得文档和词项的连续语义表示。这里，词项–文档共现矩阵中的每列就是该文档的向量表示，充当词项的上下文。具体来说，利用奇异值分解把词项–文档组成的共现矩阵分解为三个矩阵的乘积，分别是词项–语义、奇异值和文档–语义矩阵。一般情况下，词项–文档共现矩阵由成千上万个行和列组成，通过 SVD 分解构造共现矩阵的一个低秩逼近 (通常为几百以内)，这样就实现了文档在语义空间上的低维表示。

1.4.2 主题模型法

主题模型法 (Topic Model) 视文档由多个主题 (Topic) 组成，通过分析文档主题作为文档的特征表示。文档主题分析技术将文档看成不同主题上的分布，而将每个主题看成不同词语上的分布。主题模型的代表技术包括基于概率的潜在语义分析 (Probabilistic Latent Semantic Analysis，PLSA)[93] 和隐狄利克雷分配 (Latent Dirichlet Allocation，LDA)[94]。PLSA 是在 LSA 的基础上通过引入概率统计的思想发展而来的，它通过学习具有良好概率分布的 "文档–主题" 矩阵以及 "主题–词语" 矩阵，能够直观地计算文档–主题与主题–词语之间的语义关系，克服了 LSA 中 SVD 的复杂计算过程。PLSA 的图模型表示如图 1.4 所示，其文档生成过程如下：

对于文档 $d(d = 1, \cdots, D)$ 中的每个词 w，采样主题 $z(z \sim \mathrm{Multi}(\theta_d))$，再从采样出的主题 z 中采样词 w。

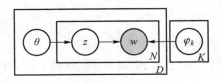

图 1.4　PLSA 的图模型表示

在 PLSA 模型中，文档表示为在主题上的多项式分布，这个多项式分布就是文档的低维表示。PLSA 一经提出，在文本挖掘领域取得了巨大的成功。

由于 PLSA 不能很好地解决新文档的主题分布估计和容易导致过拟合的问题，哥伦比亚大学 David Blei 等于 2003 提出了著名的潜在狄利克雷分布（Latent Dirichlet Allocation，LDA）模型。LDA从本质上看是一个层次化的贝叶斯模型，假设所有的参数都为随机变量。通过为文档的主题分布、主题的词语分布设置全局的 Dirichlet 先验概率分布，这样使文档的主题分布和主题的词语分布都成为随机变量而不是参数，致使模型学习的参数成为 Dirichlet 分布的参数，而不是 PLSA 中文档与主题相关的参数，进而克服 PLSA 的过拟合问题，并且使模型具有较好的泛化推理能力，可以为新文档自动估计主题分布。与 PLSA 使用 EM 算法进行参数估计不同，LDA 采用高效的 Gibbs 抽样算法进行参数估计。LDA 的图模型表示如图 1.5 所示。

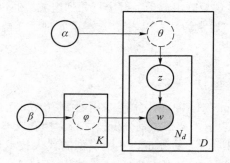

图 1.5　LDA 图模型表示

LDA 模型对应的文档生成过程如下：

- 对于每个主题 $k = 1, \cdots, K$，根据 Dirichlet(β) 分布采样一个多项式分布 φ_k。

- 针对每篇文档 $d = 1, \cdots, D$，

  - 根据 Dirichlet(α) 分布采样一个多项式分布 d。

  - 对于文档 d 中的每个词 w，

    * 根据多项式分布 θ_d 采样主题 z；

    * 根据采样的主题 z，依据多项式分布 φ_z 采样词 w。

1.4.3 分布式表示法

主题模型是在词袋模型的基础上引入概率分布实现的，其本质上还是词袋模型，但忽略了上下文的关系。近年来，通过对预训练的词向量进行语义组合的分布式表示 (Distributed Representations) 为文本表示带来新的解决方法，在许多自然语言处理任务上取得良好的效果，成为文本分析的前沿技术。分布式表示也称为嵌入 (Embeddings)[95]，是将语言的潜在语法或语义特征分布式地存储在一个稠密、低维、连续的向量中。分布式表示除了能进行语义计算外，还可以使特征表示和模型变得更加紧凑。根据表示粒度，可以分为词、句子和篇章分布式表示，其中，句子的分布式表示通过组合词的分布式表示获得，篇章的分布式表示基于句子的分布式表示。当前由于深度学习在自然语言处理中的广泛深入，分布式表示法逐渐变得流行。

1. 词表示

自然语言最小的单位是词，因此深度学习模型首先需要将词表示为词嵌入。最早的词嵌入是由 Bengio 等人在构建神经网络语言模型 (Neural Network Language Model，NNLM)[96] 时获得的副产品。由于神经网络语言模型需要的网络参数较多，特别是最后一层神经元的个数是语料库字典的长度，计算复杂度太高。2013 年，Mikolov 等人提出了简单高效的 CBOW (Continous Bag-of-Words) 和 Skip-Gram 模型 [97, 98] 来获得词向量。通过词向量代数运算，可以明确表达许多语言学的规则和模式。例如，词向量 vec(Madrid)-vec(Spain)+vec(France) 的运算结果非常接近 vec(Paris)。

CBOW 模型的结构图如图 1.6 所示，该模型是给定当前词 $w(t)$ 的上文 $w(t-2)$、$w(t-1)$ 和下文 $w(t+1)$、$w(t+2)$ 前提下，预测当前词。相对于 NNLM 模型，CBOW 模型去掉了隐藏层。另外，CBOW 模型没有使用上下文的词序列信息，直接使用上文和下文词向量的平均值来建模上下文。给定语料库 C，CBOW 模型的目标函数是最大化如下的对数似然函数

$$L = \sum_{w \in C} \log P(w|\text{context}(w)) \tag{1.1}$$

从式 (1.1) 可以看出，关键是如何构造概率函数 $P(w|\text{context}(w))$，其中，上下文 $\text{context}(w)$、w 和概率 P 的构造是其核心的 3 个元素。假设用 $e(w)$ 表示词 w 的词向量，则图 1.6 中的 $\text{context}(w(t))$ 可以形式化地表示为

$$x = \text{context}(w) = \frac{1}{4} \sum_{j=-2,-1,1,2} e(w_j) \tag{1.2}$$

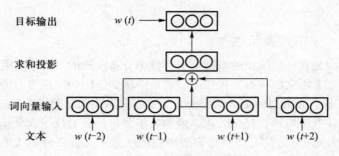

目标输出　　　　$w(t) \longrightarrow$ ⬚⬚⬚

求和投影　　　　　　　　⬚⬚⬚

词向量输入　⬚⬚⬚　⬚⬚⬚　⬚⬚⬚　⬚⬚⬚

文本　　　$w(t{-}2)$　$w(t{-}1)$　$w(t{+}1)$　$w(t{+}2)$

图 1.6　CBOW 模型结构图

根据上下文的表示, 经典的 CBOW 模型使用 softmax 函数直接对 $P(w|\text{context}(w))$ 进行建模:

$$P(w|\text{context}(w)) = \frac{\exp \boldsymbol{e}'(w)^{\mathrm{T}} x}{\sum\limits_{w' \in C} \exp(\boldsymbol{e}'(w')^{\mathrm{T}} x)} \tag{1.3}$$

式(1.2)和式(1.3)中, $\boldsymbol{e}'(w)$ 和 $\boldsymbol{e}(w)$ 分别表示词 w 的输出向量和输入向量, 换句话说, 每个词对应两个词向量: 输入向量和输出向量。由于式(1.3)需要遍历整个词典, 计算复杂度太高, 针对此问题 Mikolov 等人提出了层次化的 Softmax 和负采样技术 (Negative Sampling)[98] 简化式(1.3)的计算, 实际应用中, 负采样技术逐渐变得流行, 其表达式为:

$$P(w|\text{context}(w)) = g(w) = \sigma(\boldsymbol{x}_w^{\mathrm{T}} \boldsymbol{\theta}^w) \prod_{u \in \text{NEG}(w)} (1 - \sigma(\boldsymbol{x}_w^{\mathrm{T}} \boldsymbol{\theta}^u)) \tag{1.4}$$

其中, $\sigma(\cdot)$ 是 sigmoid 函数, $\boldsymbol{x}_w^{\mathrm{T}}$ 仍然表示词 w 的上下文, $\text{NEG}(w)$ 表示词 w 的负样本集合, $\boldsymbol{\theta}^w$ 表示词 w 的辅助向量。

同 CBOW 模型一样, Skip-Gram 模型也没有隐藏层, 但是与 CBOW 模型不同的是在已知当前词 $w(t)$ 的条件下, 预测其上下文 $w(t-2)$、$w(t-1)$、$w(t+1)$ 和 $w(t+2)$, Skip-Gram 模型结构如图 1.7 所示。给定语料库 C, Skip-Gram 模型的目标函数是最大化平均对数概率, 其形式化表示为:

$$L = \sum_{w \in C} \sum_{-c \leqslant j \leqslant c, j \neq 0} \log P(w(t+j)|w(t)) \tag{1.5}$$

式 (1.5) 中 c 是上下文窗口的大小, 当然也可以是目标词的一个函数。基于负采样的 $P(w(t+j)|w(t))$ 概率分布的估计为:

$$P(w(t+j)|w(t)) = \sigma\left(\boldsymbol{e}(w(t))^{\mathrm{T}} \boldsymbol{\theta}^{w(t+j)}\right) \prod_{u \in \text{NEG}(w(t+j))} \left(1 - \sigma(\boldsymbol{e}(w(t))^{\mathrm{T}} \boldsymbol{\theta}^u)\right) \tag{1.6}$$

其中，$e(w(t))$ 是词 $w(t)$ 的词向量，$\text{NEG}(w(t+j))$ 是上下文词 $w(t+j)$ 的负样本集合，$\boldsymbol{\theta}^{w(t+j)}$ 是词 $w(t+j)$ 的辅助向量，$\boldsymbol{\theta}^u$ 是词 u 的辅助向量。

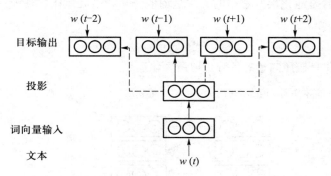

图 1.7　Skip-Gram 模型结构图

2. 句子、篇章表示

在文本分析任务中，基于深度神经网络方法不仅需要词级别的语义表示，更需要句子和文档级别的语义表示。句子或文档在自然语言处理中都是变长序列，但是传统的分类器需要输入固定长度的特征向量，因此需要将变长的文本序列表示成固定长度的特征向量。1892 年，数学家弗雷格（Frege）提出："一段话的语义由其组成部分的语义和它们之间的组合方式所决定"[99]，而现有的句子、篇章等表示都是以该思路为出发点的。近年来，基于预训练的词向量，利用神经网络的语义组合方式为文档表示带来了新思路，该方法在自然语言处理的许多任务中取得了不错的结果，如文本分类、聚类、机器翻译、情感分析等。从组合的方式看，比较有代表性的方法有 3 种：神经词袋模型、卷积神经网络 (Convolutional Neural Network，CNN)和循环神经网络 (Recurrent Neural Network，RNN)。

神经词袋模型简单对文本序列中每个词向量进行平均，作为整个序列的表示。显然，这种方法没有使用到词序信息。神经词袋模型对长文本比较有效，但是对于短的碎片化文本很难获得其语义组合信息。

卷积神经网络由 Fukushima 在 1980 年首先提出[100]，后来许多学者对此进行了改进。卷积神经网络通过多卷积层和子采样层 (池化层)，最终得到一个固定长度的向量。图 1.8 给出了具有一个卷积层和池化层的 CNN 的网络结构图，其核心就是局部感知权值共享，卷积层使用固定大小窗口（图 1.8 中的窗口大小是 3）使卷积核与输入词向量序列进行卷积运算，其中 W 对所有区域是共享的。对于给定的文本序列 $\{w_1, w_2, \cdots, w_n\}$，第 i 次卷积运算的形式化公式为：

$$x_i = [\boldsymbol{e}(w_{i-1}), \boldsymbol{e}(w_i), \boldsymbol{e}(w_{i+1})] \tag{1.7}$$

$$h_i = \phi(Wx_i + b) \tag{1.8}$$

卷积层后是池化层，常用的方法是均值池化和最大池化。其中，最大化池化公式为：

$$h = \max(h_1, h_2, \cdots, h_n) \tag{1.9}$$

其中，最大化是按照向量的各分量取最大化运算。

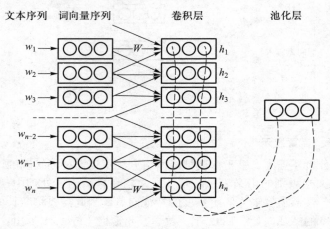

图 1.8　卷积神经网络结构图

CNN 通过卷积核对文本序列中的局部信息进行语义建模，通过池化层整合出文本的整体语义。CNN 在图像领域应用得非常广泛，在自然语言处理领域，如语义角色标注、词性标注和命名实体识别等任务上也取得了不错的性能[101]。

循环神经网络[102] 将文本序列看作时间序列，通过循环的方式输入文本中的每个词，RNN 的结构图所图 1.9 所示。网络中维护着一个隐藏层用来保存上下文信息，所有的输入共享权值 U，在不同时间序列中，W 也是共享的。

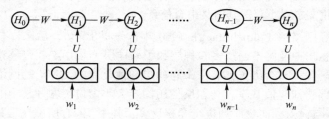

图 1.9　循环神经网络结构图

给定文本序列 $\{w_1, w_2, \cdots, w_n\}$，RNN 从第一个词循环到最后一个词。当模型处理完最后一个词后，所得隐藏层的信息就代表了整个文本序列的语义。在 t 时刻，网络的隐藏层状态形式化为：

$$H_t = \phi[Ue(w_t) + WH_{t-1}] \tag{1.10}$$

为了提升 RNN 对文本序列的语义表示能力，研究者提出很多扩展模型，例如，双向循环神经网络 (Bi-directional Recurrent Neural Network)、长短时记忆模型 (Long-Short Term Memory，LSTM) 等。LSTM [103] 引入了记忆单元，用以保存长时间信息，可以更好地处理文本序列中的长程依赖，同时缓解了 RNN 的梯度消失问题。2016 年，Yu 等人提出了一种将知识库和深度学习结合的方法对短文本进行向量化表示，在一些公开的任务上取得了很好的结果[104]。

1.5 大规模知识库引文推荐存在的问题与发展

从大知识工程生命周期看，大规模知识库引文推荐属于第四阶段——知识收集阶段。综合以上国内外研究现状，可以得出保持百科知识库内容的时效性已经成为近年来国内外的研究热点，知识库加速 (KBA) 涉及实体链接、实体分类、实体突发特征检测、信息推荐等多项重要技术，跨越自然语言理解 (NLU) 和信息检索 (IR) 两个研究领域。其中，实体–引文相关性分析给知识库加速带来了很大的挑战，其研究成果主要集中在特征和模型两个方面。通过对现有方法的仔细研究，发现这些领域的研究还有待深入。

① 实时产生的海量短文本给数据的索引和分析效率提出挑战。短文本数量巨大，其中的噪声与无信息量内容比较多，不可能对所有数据进行索引和分析。因此如何面向实体信息的分析需求，对海量的短文本数据进行建模分析，识别出其中的可索引内容，从而降低后续的数据分析量及计算压力，是面向短文本的知识库自动更新所要面临的第一个挑战。

② 字数有限的短文本给抽取充分的分析特征提出挑战。短文本最直接的特征就是其字数的限制，短文本在给生成和传播带来高效性的同时，也给可表达和挖掘的信息造成了很强的局限性。相对于知识库中实体的多样性，从单条短文本的内容中抽取出的特征具有稀疏性强的特点。因此如何利用外延数据，对现有的特征进行有效的可用特征扩展，是基于短文本的知识库自动更新所要考虑的一个问题。

③ 在实体的突发特征应用方面，当前已有的工作是简单统计实体在某个时间单元里（通常以天为基本观察单元）用户搜索实体主页的点击数或者在文档流中提及实体的文档数。知识库以实体为中心来组织内容，由于实体的流行度不同，

包含实体信息文档流的分布是不均匀的, 当目标实体发生重大事件 (例如结婚、就职、死亡等) 时, 关于此实体事件报道的各种文本流呈现突发现象, 但是平常时间提及该实体的文本几乎很少。如何挖掘实体的突发特征来提高引文推荐效果还没有得到广泛深入的研究。

④ 在利用实体、引文类别信息方面, 目前已有的 CCR 研究成果表明, 在构建分类模型时, 把抽取的特征区别开来, 单独考虑实体的隐类别信息或文档的隐含类别信息可以提高模型的效果。当前还没有把实体和引文类别信息一起组合考虑的研究, 因此构造一个统一模型, 同时融入实体和引文的类别信息是一个值得研究的问题。

⑤ 在如何利用标注数据方面, 目前的 CCR 任务在利用分类模型时, 简单地根据实体–引文标注结果把实体–引文分为正类样本或负类样本, 没有充分利用有限的标注数据。如何能够充分利用有限的标注数据构造一个模型, 从而有效提高实体–引文相关性分析的性能是一个待解决的问题。

⑥ 在实体–引文特征工程方面, CCR 任务的当前工作主要集中在设计人工特征, 然后利用某些工具抽取相应的特征。常用的特征有实体特征、文档特征、实体–引文特征、时序特征和动作模式特征, 抽取这些特征耗时、费力且不具有扩展性。目前, 还没有利用深度学习方法自动学习实体–引文语义特征的方法来解决 CCR 任务。因此, 构建一个联合实体和引文的深度学习模型, 提供一个端到端的深度学习模型是很有前途和生命力的研究问题。

第 2 章　实体–引文相关性分类技术

本章首先介绍在线百科知识库累积引文推荐的处理流程框架，给出实体–引文相关性分析的问题描述；其次，详细介绍在线百科知识库累积引文推荐评测公开的数据集；最后，聚焦实体–引文相关性的分类技术构架，给出研究使用的工作数据集。

2.1　在线百科知识库累积引文推荐及处理流程

在线百科知识库累积引文推荐 (Cumulative Citation Recommendation，CCR) 作为在线知识库构建加速 (Knowledge Base Acceleration，KBA) 的核心任务，是从网络文本大数据流中发现与百科知识库目标实体相关的文档作为候选引文，应用信息检索、自然语言处理和机器学习等技术对候选引文进行不同的优先级分类或排序，然后推荐给知识库编辑和维护人员。知识库编辑和维护人员只需要关注被推荐的具有高优先级的候选引文，提取目标实体的相关内容，并编辑目标实体内容，然后将对应的文档作为最终引文添加到百科知识库中[1]。在线百科知识库累积引文推荐处理流程如图 2.1 所示。

首先，以网络文本大数据流中的网络文本分析为主线，对网络文本进行面向实体信息的过滤分析。设计基于目标实体的网络文本过滤方法，对包含目标实体的文档进行过滤，建立目标实体集的相关候选引文集。

其次，以在线百科知识库中的实体分析为主线，对过滤得到的初步候选引文进行实体–引文相关性分析。利用自然语言处理、机器学习等方法对实体–引文进行分析，得到候选引文相对于目标实体不同优先级的分类结果，从而确定目标实体重要或有用的相关引文。

最后，以在线百科知识库编辑人员为主线，对获得与目标实体具有重要或有用的分类结果引文，编辑人员对相应文档抽取实体的相关内容，并更新目标实体的主页内容，同时把该文档作为最终引文加入在线百科知识库。

本书重点关注实体–引文相关性分析研究，该研究也是在线百科知识库构建加速技术的关键问题。

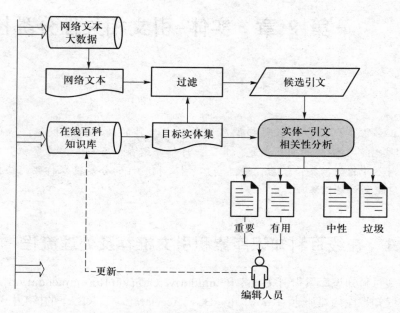

图 2.1 在线百科知识库累积引文推荐处理流程示意图

2.2 实体–引文相关性分析

通过对 CCR 处理流程的研究，可以归纳出实体–引文相关性分析的问题描述。给定知识库的目标实体集 $E = \{e_i | i = 1, \cdots, M\}$ 和候选引文文档集合 $D = \{d_j | j = 1, \cdots, N\}$，实体–引文相关性分析的目标是通过一定的方法估算文档 $d \in D$ 与目标实体 $e \in E$ 二者之间的相关程度 $\mathrm{Rel}(e, d)$ 或者概率 $P(d|e)$，即文档 d 有多大可能作为目标实体 e 的最终引文被编辑到百科知识库中。

目前，大部分工作把实体–引文相关性分析视为分类问题。可是对于实体–引文相关程度的有序性 (Central > Relevant > Neutral > Garbage，TREC-KBA-2012 标注的不同等级；Vital > Useful > Neutral > Garbage，TREC-KBA-2013 标注的不同等级)，实体–引文相关性分析也可以视为排序问题（Learning To Rank）。2013 年 Balog 等人[14] 使用 TREC-KBA-2012 数据集，采用相同的特征比较排序学习和分类方法，实验结果得出排序学习方法优于分类方法，但是 Gebremeskel 等人[105]2014 年在相同数据集上的实验表明分类方法优于排序方法。本书也将实体–引文相关性分析视为分类问题。

2.3　累积引文推荐数据集

国际文本检索大会 (TREC) 从 2012—2014 年连续 3 年公开举办知识库加速 (KBA)–累积引文推荐 (CCR) 评测，总共有 3 个公开的标准数据集：TREC-KBA-2012[①]、TREC-KBA-2013[②] 和 TREC-KBA-2014[③]。TREC-KBA 各数据集由一个目标实体集合和一个文档流集合组成，是目前最大的公开评测数据集。2012 年的目标实体数量有 29 个，全部选自维基百科（Wikipedia）中流行度高的实体；2013 年的实体数量最多，有 141 个，选自 Wikipedia 的有 121 个，来自推特（Twitter）的有 20 个；2014 年的实体数量有 71 个，来自 Wikipedia 的有 33 个，来自流语料库（Stream Corpus）中的有 38 个。2012 年文本数据集中文档发表于 2011 年 10 月至 2012 年 4 月，2013 年的数据集是在 2012 的基础上扩展而来的，2014 年的数据集继续扩展至 2013 年 4 月，包括了 2013 年的数据。3 个数据集的详细比较见表 2.1。

表 2.1　TREC-KBA 数据集

比对项	TREC-KBA-2012	TREC-KBA-2013	TREC-KBA-2014
实体数量	29	141	71
实体来源	Wikipedia(29)	Wikipedia（121） Twitter（20）	Wikipedia（33） Stream Corpus（38）
实体类别	人物（27） 机构（2）	人物（98） 机构（19） 设施（24）	人物（48） 机构（16） 设施（7）
文档规模	4×10^8	1×10^9	1.2×10^9
文档容量/TB （XZ 压缩）	1.9	6.45	16.1
文档时间	2011.10—2012.04 7 个月（4 973 h）	2011.10—2013.02 17 个月（11 948 h）	2011.10—2013.04 19 个月（13 663 h）
文档来源	linking, news, social	news, social, weblog, linking, arXiv, classified, reviews, forum, mainstream news, memetracker	news, social, weblog, linking, arXiv, classified, reviews, forum, mainstream news, memetracker

---

① 见 TREC-KBA-2012 主页。
② 见 TREC-KBA-2013 主页。
③ 见 TREC-KBA-2014 主页。

2.3.1 目标实体集合

TREC-KBA-2012 数据集中的目标实体集合全部由 29 个来自 Wikipedia 的实体组成。从类别上看，包括了 27 个人名实体和 2 个组织机构实体。目标实体的选择依据是实体在 Wikipedia 中与其他活动实体有复杂链接关系的实体。

TREC-KBA-2013 目标实体集合由 141 个实体组成，分别由 121 个 Wikipedia 的实体和 20 个 Twitter 的实体构成，涵盖了 19 个组织机构实体、98 个人名实体和 24 个设施实体。目标实体的选择依据是具有某种联系的群体，例如有些机构实体都是创业公司，有些人物实体都是图灵奖得主，或者都居住于某地，等等。

TREC-KBA-2014 是由 71 个实体组成的目标实体集合，其中 33 个是 Wikipedia 中的实体，另外 38 个实体来自流语料库 (Stream Corpus)，涵盖了 16 个组织机构实体、48 个人名实体和 7 个设施实体。目标实体由标注人员自己选择，而不是由评测的组织者选择，选择依据是同一区域的具有长尾属性的实体。

2.3.2 文档集合

TREC-KBA 累积引文推荐 (CCR) 评测把使用的文档集合称为流语料库 (Stream Corpus)。流语料库的数量和大小逐年增加，新的流语料库包括上一年的语料并增加新的文档，流语料库中的每篇文档都包含唯一的时间戳表示其发表时间。2012 年流语料库中包含 4×10^8 篇网络文档，文档发表于 2011 年 10 月至 2012 年 4 月期间，其中 2012 年 2 月之前的数据用于训练，其他数据用于测试。2013 年语料库包括 1×10^9 篇来自网络的文章，所有的文章发表于 2011 年 10 月至 2013 年 2 月期间，其中，2011 年 10 月至 2012 年 2 月期间的文档用于训练，发表于 2012 年 3 月至 2013 年 2 月期间的文档用作测试数据。2014 年的文档集共有 1.2×10^9 篇网络文档，文档发表于 2011 年 10 月至 2013 年 4 月。对于每个目标实体，用于训练和测试文档集的分割是不同的。

2.3.3 标注情况

文档与目标实体之间的相关性被标注为 4 个不同的相关程度，由于评测举办了 3 年，每年对相关程度的定义略有区别，但对相关程度的定义十分清晰。2012 年定义的 4 个相关程度是重要 (Central)、相关 (Relevant)、中性（Neutral）和垃圾（Garbage）。2013 年和 2014 年使用的是重要（Vital）、有用（Useful）、中性（Neutral）和垃圾（Garbage）。2012 年、2013 年和 2014 年的实体–文档相关程度的定义分别见表 2.2、表 2.3 和表 2.4。

表 2.2 TREC-KBA-2012 实体–文档相关程度定义

类别	定义
重要 (Central)	文档直接和目标实体相关，且能够被引用到目标实体 Wikipedia 的主页上，例如在某个事件或主题报道文章中，实体是此事件或主题的核心人物
相关 (Relevant)	间接和目标实体相关，如可能影响目标实体发生的事件、话题等
中性 (Neutral)	不相关，没有信息能推演到目标实体，例如实体的名字用在产品名中
垃圾 (Garbage)	不相关，如垃圾邮件等

表 2.3 TREC-KBA-2013 实体–文档相关程度定义

类别	定义
重要 (Vital)	文档中包含目标实体当前状态、行动或情况的即时信息，此实时信息会引起知识库编辑人员对此实体的主页进行更新操作，例如人物实体发生的职位升迁、死亡等事件
有用 (Useful)	文档中含有可能被目标实体使用的信息，但不是即时信息，这些信息在构建目标实体时使用；对于更新目标实体信息，仅仅是有用的，而不是实时的，例如关于实体的背景介绍信息
中性 (Neutral)	文档中有信息，但不会被目标实体引用，例如实体名出现在产品名中，再如这本书的情节让人联想起 Alexander McCall Smith 这样的参考名
垃圾 (Garbage)	没有任何关于目标实体的信息，例如目标实体名出现在没有上下文的 Chrome、垃圾邮件、广告等

表 2.4 TREC-KBA-2014 实体–文档相关程度定义

类别	定义
重要 (Vital)	文档中包含目标实体当前状态、行动或情况的即时信息，此实时信息会引起知识库编辑人员对此实体的主页进行更新操作，例如人物实体发生的职位升迁、死亡等事件
有用 (Useful)	文档中含有可能被目标实体使用的信息，但不是即时信息，这些信息在构建目标实体时使用；对于更新目标实体信息，仅仅是有用的，而不是实时的，例如关于实体的背景介绍信息
中性 (Neutral)	文档中有信息，但不会被目标实体引用，例如实体名出现在产品名中，再如这本书的情节让人联想起 Alexander McCall Smith 这样的参考名

类别	定义
垃圾 (Garbage)	没有任何关于目标实体的信息，例如文档中出现目标实体的别名，但是指向 另外一个实体、垃圾邮件、没有明确提及目标实体的垃圾数据

从实体–文档相关程度的定义看出，TREC-KBA-2013 和 TREC-KBA-2014
对重要、有用、中性和垃圾的定义明显清晰于 TREC-KBA-2012 中的重要、相
关、中性和垃圾的定义。除了垃圾的定义不一样外，TREC-KBA-2013 和 TREC-
KBA-2014 对重要、有用、中性的定义相同。

TREC-KBA 对 3 年评测使用的流语料库进行了人工标注，标注的情况见表
2.5 和表 2.6。2012 年总共标注了 57 755 个实体–文档对样本，2013 年标注了
24 753 个实体–文档对样本，2014 年标注了 67 810 个实体–文档对样本。

表 2.5 TREC-KBA-2012 标注数据统计

数据集	训练				测试			
	重要 Central	有用 Relevant	中性 Neutral	垃圾 Garbage	重要 Central	有用 Relevant	中性 Neutral	垃圾 Garbage
TREC-KBA-2012	9 382	1 757	6 500	3 525	20 439	2 470	8 426	5 256

表 2.6 TREC-KBA-2013 和 TREC-KBA-2014 标注数据统计

数据集	训练				测试			
	重要 Vital	有用 Useful	中性 Neutral	垃圾 Garbage	重要 Vital	有用 Useful	中性 Neutral	垃圾 Garbage
TREC-KBA-2013	938	4 320	481	3 196	3 202	11 608	505	503
TREC-KBA-2014	2 278	2 583	1 234	2 325	10 447	19 006	7 140	22 797

2.4 工作数据集

在线百科知识库累积引文推荐评测的文本流语料库的规模和容量特别巨大，
TREC-KBA-2012 包括 4×10^8 篇文档，经过数据清洗和 XZ 压缩后依然使用
了 1.9 TB 的存储空间，而 TREC-KBA-2013 和 TREC-KBA-2014 的流语料库

相对于 TREC-KBA-2012 语料库从规模和容量方面更大，具体见表 2.1，因此直接处理流语料库需要大量的计算资源并耗费很长的时间。为了提高处理实体-引文分析的效率，需要降低流语料库的规模和使用的存储空间。国际文本检索大会知识库加速构建评测 (TREC-KBA) 的组织者麻省理工学院 Frank 等人[10] 对 TREC-KBA-2012 流语料库的统计发现，对于目标实体，标注为重要 (Central) 的文档中都明确地提到了目标实体的全名、部分名、笔名等，标注为相关 (Relevant) 的文档中只有极少的文档提到了目标实体。依据这个研究结果，参照累积引文推荐处理流程（图 2.1），对网络文本大数据流进行过滤，生成相对于目标实体集的候选引文集，建立实体-引文分类技术的工作数据集，以便后续处理，提高系统效率。

使用为文档集合建立索引的方法完成文档集的过滤，利用 ElasticSearch[①] 为整个文档语料库建立全文索引，ElasticSearch 是基于 Lucene 的分布式全文检索工具，只对文档的 4 个字段建立索引，见表 2.7。

表 2.7　建立索引的文档字段

字段	详细介绍
stream id	每篇文档唯一的标识符
content	文档的文本内容
source	文档来源
timestamp	标识文档发表时间的时间戳

对整个文档集建立索引之后，可以使用多种查询方式完成对整个文档集的过滤。最简单的过滤方法是对文档做实体名精确匹配（Exact Match），即根据文档中是否提及目标实体来过滤文档集，只保留文本中明确提及目标实体名的文档作为候选引文，丢弃未提及目标实体名称的文档。但是，这种过滤方式存在两个问题：

① 仅根据实体名称来过滤，会丢掉很多含有别名（重定向名）实体的相关文档，以 New York City 为例，相关文档中可能出现 NYC 或者 Big Apple 等别名。如果仅考虑目标实体名称，会丢失大量相关文档，导致系统召回率偏低。

② 这种方法不能区分重名实体。比如对于文档中出现的迈克尔·乔丹，可能是指著名机器学习科学家迈克尔·乔丹（Michael I. Jordan），也可能是指著名篮球运动员迈克尔·乔丹（Michael Jordan）。

---

① 参见 ElasticSearch 主页。

一种改进方案是基于查询扩展的过滤方法，包含两个步骤：① 别名扩展，为每个目标实体生成尽可能多的可信别名（称为 Surface Form）；② 查询扩展，将这些别名用作精确匹配的扩展项来过滤文档集。

2.4.1 别名扩展

对于目标实体中的维基实体，抽取它们在维基百科中的重定向名[①] 作为其别名。以维基百科实体 Barack Obama 为例，其重定向名包括 Barack、Obama 和 Barack Hussein Obama。对于推特实体，通过 Twitter API 抽取其推特显示名称以及其推特 ID 作为其别名。以推特实体 @AlexJoHamilton 为例，其推特显示名称为 Alexandra Hamilton，这两个名字都被作为别名用于查询扩展。

2.4.2 查询扩展

对于每个目标实体 e，首先为其建立一个相关文档集，表示为 $C(e)$。$C(e)$ 主要由 3 部分文档组成：① 实体在知识库中的主页（Profile）；② 知识库中已存在的该实体的引文（Citation）；③ 训练语料中已经标注的相关文档（即标注为重要和有用的文档）。然后，对于 $C(e)$ 中每篇文档 d 进行命名实体识别，从中找出与目标实体 e 共现的相关实体集合，表示为 $R(e)$。$R(e)$ 中的实体即为用于查询扩展的扩展项。

文档 d 和目标实体 e 之间的相关程度表示为 $\mathrm{rel}(d, e)$，计算方法如式 (2.1)：

$$\mathrm{rel}(d, e) = \sum_{e_i \in R(e)} \omega(e, e_i) \cdot \mathrm{occ}(d, e_i) \tag{2.1}$$

其中，$\mathrm{occ}(d, e_i)$ 为相关实体 e_i 在文档 d 中出现的次数，$\omega(e, e_i)$ 为实体 e_i 与目标实体 e 之间的先验相关性权重，使用 e_i 在文档集 $C(e)$ 中的反向文档频率来计算，计算方法如式 (2.2)，

$$\omega(e, e_i) = \log \frac{|C(e)|}{|\{j : e_i \in d_j\}|} \tag{2.2}$$

其中，$|C(e)|$ 代表文档集 $C(e)$ 中文档的数量，$|\{j : e_i \in d_j\}|$ 表示其中有相关实体 e_i 出现的文档数量。

通过设置合理的相关阈值，可以先从整个文档集中过滤出与提及目标实体的文档子集，进一步的相关性判断可以在规模较小的文档集上进行，大大地减小了文档数据规模，提高了系统处理效率。

---

① 参见维基百科（Wikipedia）主页。

2.5 特征选择

分类方法和排序学习方法作为有监督机器学习方法，需要根据引文推荐任务设计和抽取特征，特征主要包括语义特征（Semantic）和时序（Temporal）特征。

2.5.1 语义特征

语义特征主要用于反映目标实体和文档之间的语义关系。Balog[67] 等人将语义特征归结为三类：实体特征、文档特征和实体–文档特征。表 2.8 中列出了 Balog 等人使用的语义特征集，在本章称为基准语义特征。

表 2.8 基准语义特征集

	特征	描述
文档特征	$\log(\text{length})$	文档长度的对数值
	$\text{Source}(d)$	文档 d 来源，如新闻，社交媒体等
	Weekday	文档发表日期
实体特征	$N(e_{rel})$	知识库介绍页面中目标实体 e 相关实体的数量
实体–文档特征	$N(d,e)$	实体 e 在文档 d 中出现的次数
	$N(d,e_p)$	实体 e 的姓或名在文档 d 中出现的次数
	$N(d,e_{rel})$	实体 e 的相关实体在文档 d 中出现的次数
	$\text{FPOS}(d,e)$	实体 e 在文档 d 中第一次出现的绝对位置
	$\text{FPOS}_n(d,e)$	实体 e 在文档 d 中第一次出现的相对位置（使用文档长度做正规化）
	$\text{FPOS}(d,e_p)$	实体 e 的名字或者姓氏在文档 d 中第一次出现的绝对位置
	$\text{FPOS}_n(d,e_p)$	实体 e 的名字或者姓氏在文档 d 中第一次出现的相对位置
	$\text{LPOS}(d,e)$	实体 e 在文档 d 中最后一次出现的位置
	$\text{LPOS}_n(d,e)$	$\text{LPOS}(d,e)/\text{length}$
	$\text{LPOS}(d,e_p)$	实体 e 的名字或者姓氏在文档 d 中最后一次出现的绝对位置
	$\text{LPOS}_n(d,e_p)$	实体 e 的名字或者姓氏在文档 d 中最后一次出现的相对位置
	$\text{Spread}(d,e)$	$\text{LPOS}(d,e) - \text{FPOS}(d,e)$，即实体 e 在文档 d 中出现的绝对跨度
	$\text{Spread}_n(d,e)$	实体 e 在文档 d 中出现的相对跨度
	$\text{Spread}(d,e_p)$	$\text{LPOS}(d,e_p) - \text{FPOS}(d,e_p)$
	$\text{Spread}_n(d,e_p)$	$\text{Spread}(d,e_p)/\text{length}$

实体特征主要反映目标实体本身的语义信息，比如目标实体的类别、目标实体页面中相关实体个数等，见表 2.8。

文档特征用于反映文档本身的语义信息，如文档的长度、发表时间、来源等，见表 2.8。

表 2.8 中列出了实体–文档特征，用于反映文档和实体之间的各种联系，如目标实体是否在文档中出现、在文档中出现的位置等。

除了表 2.8 中的基准语义特征，针对知识库实体特有的信息，本节还将介绍两种不同的语义相似度特征。

因为 TREC-KBA-2013 数据集中每个目标实体在知识库中都存在主页，如维基百科实体的介绍页面（Profile）、推特实体的主页。如图 2.2 所示为目标实体 Alisher Usmanov 在维基百科中的页面，可以发现其主页上不只包含了目标实体姓名、职业和个人资产等基本信息，还存在大量相关描述。因此，目标实体主页包含了丰富的目标实体相关信息，可以用来设计语义特征。相比不相关文档，与实体相关的文档与实体主页之间有着更高的语义相似度，因此可以计算候选文档和实体主页之间的语义相似度作为一种语义特征。对目标实体的知识库主页的进一步分析发现，其主页内容通常是按段落组织的，每个段落分别描述了实体相关的某个方面（属性），比如，主页第一段往往是基本信息的介绍。为了使得语义相似度计算更为准确，可以分别计算每个段落与候选文档之间的语义相似度作为特征。

图 2.2　目标实体 Alisher Usmanov 在维基百科中的主页

对于大部分目标实体，在知识库中往往已经存在一部分引文，如图 2.3 所示为实体 Alisher Usmanov 维基百科主页上已有的引文。这部分引文是经过知识库编辑筛选通过的真实相关文档，因此这部分文档包含了丰富的目标实体相关信息，可以用来发现更多与目标实体相关的文档。候选文档和这些已有引文之间的语义相似度也可以作为一种语义特征。

References [edit]

1. ^ *a b* "Alisher Usmanov" . *Forbes*.
2. ^ Catherine Boyle (20 December 2012). "Russia's Richest Man Usmanov: Wait For Next Facebook Surge" . CNBC. Retrieved 17 December 2013.
3. ^ Raghavan, Anita (3 December 2010). "The Hard Man of Russia" . Forbes. Retrieved 17 December 2013.
4. ^ "Bloomberg Billionaires Index" . Bloomberg LP.
5. ^ "'Rich List' counts more than 100 UK billionaires" . BBC News. 11 May 2013. Retrieved 11 May 2014.
6. ^ "Alisher Usmanov" . Forbes. 3 August 2007.
7. ^ Metalloinvest History
8. ^ "Digital Sky Technologies ("DST") Changes Name to Mail.ru Group | Business Wire" . www.businesswire.com. Retrieved 23 September 2014.
9. ^ Mail.Ru Group: Main . Corp.mail.ru. Retrieved on 18 December 2012.
10. ^ "USM Holdings – Internet" . Usm-group.com. Retrieved 17 December 2013.
11. ^ Russian Capitalist Wiki contributors, "Alisher Usmanov" . Russian Capitalist Wiki. Retrieved 19 March 2014.
12. ^ "Usmanov Gunning for Bigger Arsenal Share" . St Petersburg Times. 4 September 2007. Retrieved 18 September 2007. "Usmanov's purchase of nearly 15 percent in the club Thursday – the second investment by a Kremlin-friendly oligarch in a leading English Premier League team after former club Chelsea in 2003 – received a mixed reaction from the club's fans and the British media, with some fearing a Russian takeover."
13. ^ Arsenal stakeholder aims to boost share , Russia Today TV, TV Novosti, Moscow, 9 January 2007. Retrieved: 4 June 2008.

44. ^ "facebook-russian-billionaire-markets-faces-technology" . forbes.com, 2009/05/27.
45. ^ Russian Tech Giant Cashes In on Facebook's Recovery
46. ^ Cutmore, Geoff, and Antonia Matthews, "My Alibaba investment up over 500%: Russian billionaire" , CNBC.com, 24 November 2014. Retrieved 25 November 2014.
47. ^ Fedorinova, Yuliya. "Billionaire Usmanov Bets on Apple's Growth After Facebook" . Bloomberg (Bloomberg). Retrieved 2 July 2013.
48. ^ "Hard man of Russia who made his pile through steel" . The Guardian (London). 31 August 2007. Retrieved 23 April 2010.
49. ^ Metals Mogul Buys Music TV Channel , Kommersant (25 June 2007). Retrieved 27 September 2007
50. ^ USM Holding Media
51. ^ "USM Holdings – Company – Alisher Usmanov" . Usm-group.com. Retrieved 17 December 2013.
52. ^ Cora (7 November 2013). "Russian Billionaire Alisher Usmanov's Immense Airbus A340" . Luxedb.com. Retrieved 17 December 2013.
53. ^ "Russian buys Dein's Arsenal stake" . BBC News. 30 August 2007. Retrieved 30 August 2007.
54. ^ "Usmanov increases stake" . SkySports. 28 September 2007. Retrieved 3 October 2007.
55. ^ "Alisher Usmanov increases Arsenal stake" . Telegraph (London). 15 February 2008. Retrieved 23 April 2010.
56. ^ Nakrani, Sachin (23 February 2008). "Arsenal warn Usmanov to beware of

图 2.3　目标实体 Alisher Usmanov 在维基百科中的已有引文

为此，使用两种不同的语义相似度计算方法：余弦相似度和 Jaccard 相似度。假设两篇文档的特征向量分别是 A 和 B，余弦相似度的计算公式为 $\frac{A \cdot B}{\|A\|\|B\|}$，Jaccard 相似度的计算公式为 $\frac{\|A \cap B\|}{\|A \cup B\|}$。表 2.9 列出了 4 种语义相似度特征。

表 2.9　语义相似度特征

特征	描述
$\mathrm{Sim}_{\cos}(d, s_i)$	文档 d 和目标实体 e 主页第 i 段内容之间的余弦相似度
$\mathrm{Sim}_{\mathrm{jac}}(d, s_i)$	文档 d 和目标实体 e 主页第 i 段内容之间的 Jaccard 相似度
$\mathrm{Sim}_{\cos}(d, c_i)$	文档 d 与目标实体 e 的已有引文 c_i 之间的余弦相似度
$\mathrm{Sim}_{\mathrm{jac}}(d, c_i)$	文档 d 与目标实体 e 的已有引文 c_i 之间的 Jaccard 相似度

2.5.2　时序特征

引文推荐系统的处理对象是时序化的文档流，并且实体信息也是实时更新的，仅使用语义特征不足以反应实体的动态变化特性。为了解决这一问题，提出基于突发（Burst）的时序特征作为特征向量的补充。

据观察，文档流数据中实体的出现次数并不随时间均匀分布，而是突发期和非突发期间隔出现。当某个时间段实体的出现次数突然上升，这个时间段被称为该实体的一个突发期（Bursty Period）。突发期的出现往往代表该段时间有关于实体的重要信息出现，出现在实体突发期内的文档比出现在非突发期的文档更可能与目标实体相关。如图 2.4 所示的一个实例，目标实体 BNSF Railway 的重要相关文档出现在突发期内。

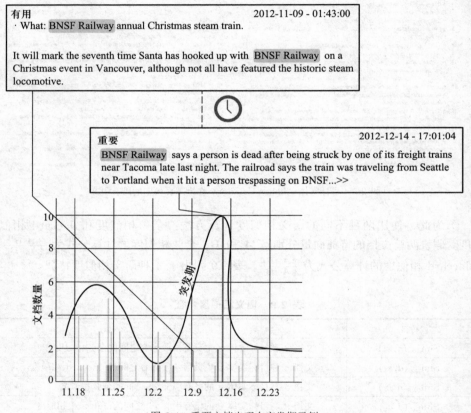

图 2.4　重要文档出现在突发期示例

实体突发期的检测可以通过两部分数据来计算：文档数据流本身和第三方的统计数据（如维基百科页面访问统计和谷歌趋势等）。如图 2.5 所示，目标实体 Nassim Nicholas Taleb 在维基百科中的主页被访问的次数统计和其出现在文档数据流中次数的统计，可以看到两条曲线呈现正相关的关系，都可以用来检测实体

的突发期。本章中使用了简单的实体时序特征，以天为单位，统计文档流中出现

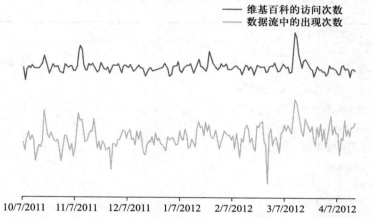

图 2.5 实体 Nassim Nicholas Taleb 维基百科主页被访问次数及其在数据流中出现次数

目标实体的个数，以及第三方数据源中提及实体的个数。更详细的时序特征将在第 3 章进行讲解。

2.6 实体–引文相关性分类模型

2.6.1 查询扩展

查询扩展方法属于非监督学习方法。为文档集建立全文索引后，查询扩展方法可以作为用于后续比较的基准方法。对于给定目标实体，为其构造一个由实体名和其别名组成基本查询。基本查询虽然可以从索引中检索出提及实体（或别名）的文档，但是不能区分重名实体，也不能准确区分不同文档与目标实体之间的相关程度。解决实体消歧的最通用有效的方法是利用目标实体在文档中的上下文信息[106]。本章提出一种以目标实体为中心的查询扩展方法，用来扩展基本查询的扩展项与目标实体的相关实体。相关实体主要从以下几个来源抽取：① 目标实体在知识库中的主页；② 训练语料中目标实体的相关文档（即标注为重要和有用的文档）；③ 目标实体在知识库中的已有引文。

对于维基百科实体，使用 JWPL API[107]抽取维基主页中的内链（Inlink）实体和外链（Outlink）实体作为其相关实体。对于推特实体，使用 Stanford 命名实体识别工具[108] 从主页中识别命名实体作为其相关实体。同样地，可以从目标实体的训练文档和已有引文中抽取更多的相关实体。需要注意的是，对于推特实体，

因为其主页中很少包含引文，本书使用一种伪引文（Pesudo Citation）抽取算法为每个推特实体抽取 5 篇伪引文作为其相关实体的抽取对象。

算法 1 伪引文抽取算法

输入：目标实体 e，伪引文数量 N。

输出：伪引文集合 C。

 1: 在搜索引擎（Google）中检索 e

 2: 爬取检索结果列表 L

 3: **for all** $l \in L$ **do**

 4:    **if** l 是死链或者广告链接 **then**

 5:      continue;

 6:    **else**

 7:      抽取链接 l 对应的文档 c;

 8:      **if** $c \in C$ **then**

 9:        continue;

10:      **else**

11:        将文档 c 添加到集合 C 中;

12:        **if** $|C| == N$ **then**

13:          break;

14:        **end if**

15:      **end if**

16:    **end if**

17: **end for**

通过为每个目标实体抽取相关实体后，将这些实体作为扩展项与基本查询组合形成新的查询，在索引中进行重新检索，返回的文档列表作为目标实体的相关文档，同时根据文档在列表中的位置生成 $(0, 1000]$ 范围内的相关性打分。

通过两种查询扩展方法：不使用伪引文抽取的查询扩展方法（QE）和使用伪引文抽取的查询扩展方法（记为 QEP），验证伪引文抽取算法的有效性。

2.6.2 分类方法

将引文推荐任务视为二分类问题，给定目标实体将文档分类为相关（Vital 和 Useful）和不相关（Neutral 和 Garbage）两个类别，或者 Vital 和非 Vital 两个类别。有监督学习工作中已经有支持向量机（Support Vector Machine）方法[11]、语言模型[109, 110]、逻辑回归（Logistic Regression）、随机森林分类器[12, 111, 112]

和马尔可夫随机场[113] 等，其中随机森林分类模型效果最好，所以采用基于随机森林的分类模型。分类方法使用 weka 工具包[114] 中基于随机森林的分类实现。

因为 TREC-KBA-2013 数据集中训练数据不足以为每一个目标实体训练一个单独的分类器，有的目标实体在训练集中甚至没有 Vital 文档。因此，利用所有的训练数据为所有目标实体训练一个通用的分类模型。

2.6.3　排序学习

由于文档–实体之间不同相关程度的良序性（即 Vital > Useful > Neutral > Garbage），引文推荐任务也可以视为排序学习问题，即对于给定目标实体，将候选文档按照与目标实体的相关程度从高到低进行排序。为了便于与分类方法比较，排序模型也使用基于随机森林的排序方法实现。同样地，因为训练数据不足以为每个目标实体单独训练排序器（Ranker），所以使用所有训练数据为所有实体训练一个通用的排序模型。

2.7　累积引文相关性分析验证

2.7.1　任务场景

文档和目标实体之间的相关程度从高到低依次为：Vital、Useful、Neutral 和 Garbage。根据不同的分类粒度设置，引文推荐任务可以分为两个不同难度的子任务：① **Vital Only**，只有 Vital 文档作为正例，其余的作为负例；② **Vital + Useful**，Vital 和 Useful 的文档作为正例，其余的作为负例。从 TREC-KBA-2012 和 TREC-KBA-2013 评测结果[115, 116] 来看，Vital + Useful 任务，即从文档流中过滤出实体相关文档任务较易实现，大部分方法都能实现 60% 以上的 F_1。Vital Only 任务，即从文档流中过滤出与实体高度相关的 Vital 文档难度较大，大部分方法的 F_1 值都低于 30%。

2.7.2　评价指标

累积引文推荐系统按文档发表时间顺序依次处理文档，输出文档与目标实体之间的相关性打分，分值介于 0 与 1000 之间。TREC-KBA 评测任务使用两个指标来衡量系统的性能，包括 $F1 = \max(F_1(\mathrm{avg}(P), \mathrm{avg}(R)))$ 和 $\max(SU)$。其中，Scaled Utility（SU）是 2012 年 TREC Filtering 评测任务中用于评价系统过滤性能的指标[117, 118]，用于评价文档过滤系统区分相关文档和不相关文档的能力，计算方法见式 (2.3)。为了统一比较不同方法的效果，对于每种方法，依次从 0 到 1000 按一定步长选取相关阈值，相关性分值高于阈值的文档是与目标实体相关的文档，低于阈值的文档是与实体不相关的文档，选择实现最高 $\max(F_1(\mathrm{avg}(P), \mathrm{avg}(R)))$ 的步长作为该方法的相关性阈值。如图 2.6 所示为目标实体 Aharon Barak 相关文档的打分示意图。

$$SU = \frac{\max(U, \mathrm{Min}NU) - \mathrm{Min}NU}{1 - \mathrm{Min}NU} \tag{2.3}$$

其中，$\mathrm{Min}NU = -0.5$，U 表示检索系统的线性 Utility，NU 表示经过正规化的 Utility，计算方法见式 (2.4)。

$$U = 2 * |\mathrm{relevant\ \ docs}| - |\mathrm{irrelevant\ \ docs}|$$
$$NU = \frac{U}{2 * |\mathrm{relevant\ \ docs}|} \tag{2.4}$$

首要评测指标 $\max(F_1(\mathrm{avg}(P), \mathrm{avg}(R)))$ 计算过程如下：对于目标实体 e_i，根据选定的阈值 c，分别计算分类的准确率 $P_i(c)$ 和召回率 $R_i(c)$，然后计算数据集中所有目标实体的宏平均准确率 $\mathrm{avg}(P) = \frac{\sum_{i=1}^{N} P_i(c)}{N}$ 和宏平均召回率 $\mathrm{avg}(R) = \frac{\sum_{i=1}^{N} R_i(c)}{N}$，其中，$N$ 表示目标实体的数量。因此，F_1 是关于阈值 c 的函数，从中选取使得 F_1 值最大的阈值作为该系统的相关性判断阈值。使用相同的方式计算出 $\max(SU)$。

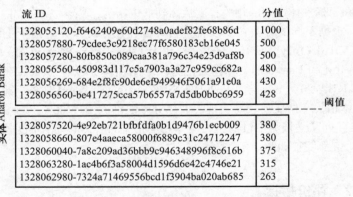

图 2.6　实体 Aharon Barak 相关文档打分示意图（阈值 =400）[119]

2.7.3　文档过滤性能

为了评测基于查询扩展的文档过滤算法的性能，选择在 TREC-KBA-2013 标准数据集上进行验证，并选取 TREC-KBA-2013 评测中的官方基准方法作为对比。官方基准方法要求标注人员首先手动为每个目标实体生成一组高质量的别名，然后从整个文档流数据中过滤出提及目标实体名称或者别名的候选文档。通过设置相关阈值（Cutoff）为 0，可以计算出每种过滤方法能实现的最好召回率，并计算对应的准确率、$F1$ 和 SU 值。实验结果对比见表 2.10。

表 2.10   不同文档过滤方法对比（阈值 $=0$）

方法	Vital Only				Vital + Useful			
	P	R	$F1$	SU	P	R	$F1$	SU
官方基准	0.166	0.705	0.268	0.139	0.503	**0.855**	0.634	0.523
基于查询扩展的过滤	**0.175**	**0.721**	**0.281**	**0.146**	**0.520**	0.850	**0.645**	**0.544**

本书采用的以实体为中心的查询扩展过滤方法，在两种不同的任务场景下均实现了最好的 SU，在只过滤重要相关文档（即 Vital Only）任务中，查询扩展方法在各项指标上均优于官方的基准方法。在过滤所有相关文档（即 Vital+Useful）任务中，虽然查询扩展方法在召回率上略低于基准方法，但是 $F1$ 和 SU 均超过了基准方法。这组结果表明，以实体为中心的查询扩展方法可以在准确率和召回率之间折中实现最优的过滤性能。从召回率来看，基于查询扩展的文档过滤方法在过滤知识库实体相关文档方面是有效的，经过过滤之后能保留 85% 以上的相关文档，接近官方基准的人工方法。

2.7.4   相关性模型评价

细粒度地比较了两种查询检索方法（即不使用伪引文抽取的 QE 和使用伪引文抽取的 QEP），除了计算两种方法在整个数据集上的表现，还分别计算了两种方法在维基实体集和推特实体集上的表现。两种查询扩展方法在 Vital Only 和 Vital + Useful 两个子任务中的实验结果见表 2.11 和表 2.12。虽然两种查询扩展方法在整个数据集上实现了相近的 $F1$ 和 SU，但是在维基实体和推特实体集上表现不同。使用伪引文抽取的查询扩展在处理推特实体集有明显的优势，在两个子任务中，QEP 均优于 QE，证明提出的伪引文抽取方法是有效的，抽取出的伪引文可以作为推特实体的引文使用，并应用于进一步的语义特征抽取。

表 2.11   两种查询扩展方法在 **Vital Only** 子任务中结果对比

方法	$\max(F_1(\text{avg}(P), \text{avg}(R)))$			$\max(SU)$		
	Overall	Wiki	Twitter	Overall	Wiki	Twitter
QE	0.281	0.288	0.257	0.170	0.178	0.174
QEP	0.281	0.288	0.274	0.173	0.178	0.194

表 2.12　两种查询扩展方法在 Vital + Useful 子任务中结果对比

方法	max(F_1(avg(P), avg(R)))			max(SU)		
	Overall	Wiki	Twitter	Overall	Wiki	Twitter
QE	0.645	0.658	0.567	0.544	0.557	0.466
QEP	0.645	0.658	0.600	0.544	0.557	0.536

为了充分验证语义特征和时序特征，通过实现 4 种有监督学习方法，包括两种分类方法和两种排序学习方法（表 2.13）进行测试。其中，Class 是只使用基准语义特征的基于随机森林的分类方法，Class+ 是使用所有的特征（包括基准语义特征、语义相似度特征和时序特征）的基于随机森林分类器方法；Rank 是只使用基准语义特征的基于随机森林的排序学习方法，Rank+ 是使用所有特征的基于随机森林的排序学习方法。

表 2.13　监督学习方法及使用的特征集合

方法	使用的特征
Class	基准语义特征
Class+	基准语义特征 + 语义相似度特征 + 时序特征
Rank	基准语义特征
Rank+	基准语义特征 + 语义相似度特征 + 时序特征

选取 TREC-KBA-2013 评测任务中 3 种效果较好的方法进行对比实验：① 官方基准方法（Official Baseline），该方法将提及目标实体名（或 Surface Form）的文档全部标记为"Vital"，根据匹配名字的长度计算相关值[116]；② 马萨诸塞大学方法（UMASS），该方法实现了一种序列检索模型来计算实体——文档相关性，使用了一元文法、二元文法等语义特征[110]；③ 特拉华大学方法（UDEL），该方法也是一种查询扩展方法，并通过标注数据来调整扩展项的权重[120]。实验结果见表 2.14。

表 2.14　不同方法实验结果

方法	Vital Only		Vital + Useful	
	max(F_1(avg(P), avg(R)))	max(SU)	max(F_1(avg(P), avg(R)))	max(SU)
QEP	0.281	0.173	0.645	0.544
Class	0.291	0.219	0.644	0.544

方法	Vital Only		Vital + Useful	
	$\max(F_1(\text{avg}(P),\ \text{avg}(R)))$	$\max(SU)$	$\max(F_1(\text{avg}(P),\ \text{avg}(R)))$	$\max(SU)$
Class+	**0.300**	0.222	**0.660**	**0.568**
Rank	0.285	**0.260**	0.644	0.544
Rank+	0.290	0.253	0.651	0.560
Official Baseline	0.267	0.174	0.637	0.531
UMASS	0.273	0.247	0.610	0.496
UDEL	0.267	0.158	0.611	0.515

从表 2.14 中可以看出，在 Vital + Useful 任务中，UDEL 和 UMASS 两种方法效果逊于 Official Baseline，在 Vital Only 任务中，UMASS 方法在 $\max(F_1)$ 上仅比 Official Baseline 提高了不到 1%，但本书提出的几种方法均优于 Official Baseline。总体而言，在两种子任务中，有监督学习方法（分类和排序学习）比无监督的方法（查询扩展）更具潜力。即使是只使用基准语义特征的监督学习方法（Class 和 Rank），也取得了比无监督学习方法更好的效果。测试还表明，在特征集中加入语义相似度特征和时序特征之后，分类（Class+）和排序学习（Rank+）方法的效果得到了进一步提升。

图 2.7 对比了各种方法在所有实体数据上的宏平均准确率和宏平均召回率，图 2.7 中的平行线表示 $F1$ 等势线，即处于同一条等势线上的不同方法实现了相同的 $F1$，位于图 2.7 右上角的方法比左下角的方法实现了更高的 $F1$。

由图 2.7(a) 和图 2.7(b) 可知，虽然查询扩展方法（QEP）实现了最高的召回率，但是其准确率较低，可能是查询扩展过程中对于不同扩展项的权重策略导致，QEP 方法中为所有的查询扩展项赋予了相同的权重，而同为查询扩展方法的 UDEL 的方法利用标注数据对扩展项做了权重调整，因此在两个子任务中实现了较高的准确率。

Class+ 在所有指标上的效果都明显优于 Class，两种方法唯一的区别在于使用特征集的不同，证明了语义相似度特征和时序特征在引文推荐中具有重要作用，能显著提升引文推荐的效率。此外，从图 2.7 中还可以看出，语义相似度特征和时序特征不只提高了整体的 $F1$，还能同时改进准确率和召回率。同样，在两种排序学习方法的实验结果也证明了以上结论。

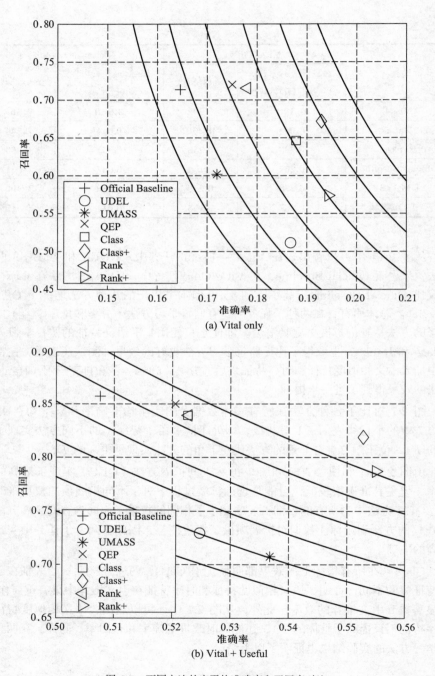

(a) Vital only

(b) Vital + Useful

图 2.7 不同方法的宏平均准确率和召回率对比

2.8 特征分析

从表 2.14 可知，实现最好引文推荐效果的是使用语义相似度特征和时序特征的随机森林分类方法（Class+），以该方法为例通过计算信息增益（Information Gain，IG），细粒度地比较不同特征的作用。表 2.15 列出了不同特征在两个引文推荐子任务中的信息增益值，同时还列出了基准语义特征的信息增益值的最大值（max）、平均值（mean）和中位值（median）作为对比。

表 2.15 不同特征的信息增益值对比

特征	信息增益	
	Vital Only	Vital + Useful
burst_value(d)	**0.130**	**0.287**
avg($\mathrm{Sim}_{\mathrm{cos}}(d, s(i))$)	0.069	0.145
avg($\mathrm{Sim}_{\mathrm{jac}}(d, s(i))$)	0.058	0.150
avg($\mathrm{Sim}_{\mathrm{cos}}(d, c_i)$)	0.028	0.083
avg($\mathrm{Sim}_{\mathrm{jac}}(d, c_i)$)	0.052	0.108
所有基准语义特征 IG 的最大值	0.121	0.175
所有基准语义特征 IG 的平均值	0.046	0.081
所有基准语义特征 IG 的中位值	0.039	0.067

由表 2.15 可知，相比基准语义特征，语义相似度特征和时序特征在两种任务中均提升了引文推荐效果。引文推荐并不是传统的文本分类任务，常用的文本分类特征并不足以实现令人满意的效果。值得注意的是，在 Vital only 任务中，时序特征是最主要的特征，验证了与目标实体高度相关的 Vital 文档更可能出现在实体的突发期内。在 Vital + Useful 子任务中，时序特征的信息增益值也明显高于其他特征，说明某种程度上 Useful 文档伴随着 Vital 文档出现，也容易出现在实体的突发期内，要想进一步区分这两种相关文档，还需要进一步抽取更为有效的特征。

2.9 本章小结

保持在线百科知识库内容的时效性，对以知识库为基础的各类应用具有深远的意义和巨大的价值。由国际文本检索大会举办的在线百科知识库构建加速评测任务对此问题提供了新思路、新方法，开辟了一个新领域。在线百科知识库累积引文推荐任务的主要目的，是从网络文本大数据流中发现与目标实体重要或有用的相关文档作为候选引文推荐给知识库的编辑维护人员，从而实现知识库内容的时效性。在此研究背景下，本章首先给出了在线百科知识库累积引文推荐的定义，以及相应的处理流程，并对实体–引文相关性分析给出描述。其次介绍了 2012、2013 和 2014 年知识库加速评测使用的数据集，包括目标实体集、流语料库和数据的标注情况，给出实体–引文分类技术框架和使用的工作数据集。最后，利用抽取的特征，运用相关性分类和排序模型对 KBA-CCR-2013 数据集进行了实验，给出了后续方法的参考结果，同时对所用特征进行了分析。

第 3 章 基于实体突发特征的文本表示模型

在线百科知识库实体–引文相关性分类的任务，是从流语料库中检索并发现与目标实体具有不同优先级别的相关引文。目标实体的突发活动，已经证明是挖掘文本大数据流，具有重要潜在引文的有益信息。本章以目标实体的突发特征为线索，提出一种新的实体–引文表示模型，该模型从时序和语义两个方面建模实体–引文的特征，以此提高实体–引文相关性分类系统的性能。

3.1 引言

随着互联网的快速发展，特别是以移动互联网为基础的各种社交网络、即时通信平台在人们日常生活中的普及，大量的用户生成数据随之而来，这些大数据具有巨大的科研、商业应用价值，蕴含了大量的人类碎片化知识。因此，从这些用户生成的大数据中检索并更新知识库中目标实体的内容，对以知识库为基础的其他应用来说是具有重要意义的，如查询扩展、实体链接、问答系统和实体检索[18, 121] 等应用。对于这些应用的性能和准确性而言，维护百科知识库的时效性是非常至关重要的。当百科知识库文章主题的状态、行为或境况的即时信息一旦出现，知识库就应该更新实体对应的内容。文章的主题称为实体，实体可以是人、实施、机构或概念等；实体的即时信息称为"新奇"信息。

考虑到新实体随时可能出现，以及由用户生成的网络文本大数据相当巨大，由此要保持百科知识库内容的时效性面临很大的理论和技术挑战。为了缓解或解决这个挑战，从 2012 年起，国际文本检索大会 (TREC) 启动了知识库加速——累积引文推荐 (KBA-CCR)① 评测竞赛，累积引文推荐 (CCR) 的任务旨在从流文本大数据中发现包含目标实体重要信息高度相关的文档并作为目标实体的引文。在以前的研究中[14, 122]，实体的突发活动已被证明可以有效地挖掘其潜在的候选引文。目标实体突发活动最直观的想法是，当目标实体发生了重要事件时，人们搜索实体的查询数量将急剧上升。如图 3.1 所示，在 2011 年 10 月 1 日至 2011 年 12 月 31 日期间，道格拉斯·卡斯韦尔（Douglas Carswell）实体在维基百科知识库中的搜索数量统计。从图 3.1 中可以看出，该实体有两个显而易见的突发期。第

---

① 参见 TREC-KBA 主页。

一次爆发的时期是道格拉斯·卡斯韦尔关于英国脱欧的辩论演讲，第二次是道格拉斯·卡斯韦尔提出英国与世界其他国家贸易的问题，而不仅仅是与欧盟的贸易。

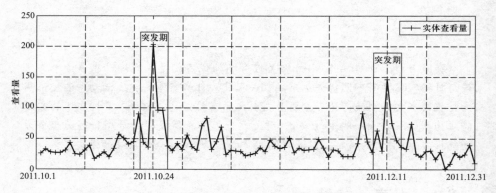

图 3.1　维基百科 Douglas Carswell 实体的查询数量统计

先前关于累积引文推荐 (CCR) 的工作中，实体的突发特征通常被作为是实体–引文语义特征的补充 [14, 122]。在这些工作中，只是简单地统计目标实体的查询量或者在某个时间段提及目标实体的文档数，没有充分挖掘目标实体突发特征在引文推荐中的作用。此外，CCR 被视为分类任务，对于分类任务，需要将文档表示为固定长度的向量。经典的文本表示方法，如词袋模型[91] 生成的特征向量，每个分量对应一个词项，其权重由 TF-IDF 来确定，无法处理文档中的时间信息。另外，当文本大数据流中的文档数量增加时，流语料库生成的词汇量可能会非常大，因此需要大量的时间和空间来处理文本大数据流，这在实际应用系统中几乎无法实现，其扩展性差。

针对以上问题，提出一种基于实体突发特征（Entity Burst based Document Repressentaion, EBDR)的文本表示模型，用于实体–引文相关性分类任务。EBDR 将时间信息和语义信息同时融入实体–引文的特征表示中，使用这种表示模型将实体–引文对作为向量表示，然后利用逻辑回归进行分类。

此工作是在目前关于实体–引文相关性分类任务中，最先将时序信息明确融入实体–引文表示向量的模型。由于 TREC-KBA-2012 数据集中的实体全部来源于维基百科，每个目标实体在维基百科知识库中有充足的查询统计数据，因此使用 TREC-KBA-2012 为基准测试数据集。实验结果表明，相对于目前在此数据集上的结果，EBDR 模型取得了优异的性能。

3.2 突发检测方法的相关工作

在话题检测与跟踪任务中，突发检测方法被广泛应用，以此来提高系统的性能。在 1997—2004 年，话题检测与跟踪是国际文本检索大会 (TREC) 每年举行的公开评测任务。一般来说，突发检测有如下两种方法：一是文档聚类[123]，二是分组高频词、表达事件[62]。2002 年，康奈尔大学的 Kleinberg[62] 提出有限状态机检测突发特征的模型，该模型采用二元有限状态自动机，通过为两个状态分别定义高频和低频的出现概率，以及它们之间的状态转换概率来建模文本流中的词频变化。自动机从低频状态转换到高频状态，则系统检测出一个突发特征。该模型不仅能检测出单一的突发特征，还可以得出层次化的突发特征结构。在此之后，出现了许多扩展的突发特征检测算法[53, 61, 66]。

EBDR 模型使用定制的有限状态自动机突发特征检测方法，该方法由 Vlachos 等人[63] 于 2004 年提出，采用移动平均法对原始序列进行处理，在文本事件检测中得到成功的应用。

3.3 基于实体突发特征的文本表示

本节首先给出实体突发特征检测算法，然后提出融入时序和语义特征的实体–引文表示法。

3.3.1 实体突发特征检测算法

维基百科是一个开放、内容丰富的在线百科知识库，已经成为人们日常搜索感兴趣知识的重要平台。当某一目标实体周围发生重大事件的时候，实体在维基百科知识库中的搜索数量将突然上升，因此利用维基百科知识库中实体的主页浏览数量来检测实体的突发活动。对于每个实体 e，定义 $V = (v_1, v_2, \cdots, v_e)$ 是实体 e 在维基百科知识库中的搜索统计数量序列，其中 v_e 表示目标实体在最后一个观察单位时间内发生的用户搜索数量，v_i 表示实体 e 在第 i 个观察单位期间发生在知识库中的用户查询数量。对 V 进行归一化，为了表述的简易，仍然用 V 表示归一化后实体 e 的用户搜索数量序列。

2002 年美国康奈尔大学 Kleinberg[62] 提出用二元自动机状态模型，使用贝叶斯定理以及状态转换代价函数，把序列的状态转换建模为最优化问题，然后使用维特比 (Viterbi) 算法求解优化问题，以此来检测目标实体的突发期。EBDR 模型采用定制化的突发检测算法，移动平均法来检测目标实体的突发期，该方法既简单又高效，成功应用在搜索引擎查询日志的知识挖掘上[124]。算法 2 给出了目标实体突发期检测的具体步骤。

算法 2　目标实体突发期检测算法

输入：　给定目标实体 e 及相应的查询数量序列 $V = (v_1, v_2, \cdots, v_e)$。

输出：　目标实体 e 的突发期序列及其对应的权重。

1:　对实体查询量序列 $V = (v_1, v_2, \cdots, v_e)$ 进行归一化。

2:　给定滑动窗口的宽度 w，依据下列公式计算移动平均序列 MA_w，

$$MA_w(i - \text{offset}) = \frac{v_i + v_{i-1} + \cdots + v_{i-w+1}}{w}$$

　　偏移量 offset 可以设置为窗口宽度的一半 $w/2$。

3:　计算拐点 cutoff，$\text{cutoff} = \text{mean}(MA_w) + \beta \cdot \text{stdev}(MA_w)$。

4:　计算目标实体突发期序列集。根据大于拐点值的移动平均量为目标实体的突发期，计算 $d = \{i | MA_w(i) \geqslant \text{cutoff}\}$。

5:　依据下列计算公式，确定目标实体突发期的权重。

$$w_i = \begin{cases} \dfrac{MA_w(i)}{\text{cutoff}}, & i \in \mathbf{d} \\ 0, & i \notin \mathbf{d}. \end{cases}$$

6:　把目标实体的连续突发期压缩并为分片连续的突发期，并计算压缩并后的实体突发期权重，其权重为各连续突发期权重的算术平均值。

7:　返回目标实体突发期及其对应的权重。

目标实体突发期检测算法中包括两个超参数，一个是滑动窗口的宽度，另一个是确定阈值对应标准方差的系数 β。滑动窗口的宽度 w，决定突发期跨越的长度，而标准方差的系数 β，决定了阈值相对于标准方差的大小。因此对此两个超参数的不同组合，能够得出目标实体的不同突发期及其权重，选择适合目标实体特点的参数，决定了该突发期检测算法的优劣。

3.3.2　实体–引文的特征表示

对于每个目标实体 e，应用实体突发期检测算法 2 检测实体突发特征，检测结果表示为 e_b。给定任一实体–引文对 (e, d)，引文 d 有一个唯一的时间戳 t 表示引文发表的时间，利用 Bag-of-Bursts 模型表示实体–引文对 (e, d) 为一个向量，记为

$$\boldsymbol{f}(e, d) = (f_1(e, d), f_2(e, d), \cdots, f_{|e_b|}(e, d)) \tag{3.1}$$

其中，$|e_b|$ 表示目标实体 e 所有突发期特征对应集合的大小，$f_j(e,d)$ 表示向量 $\boldsymbol{f}(e,d)$ 第 j 个分量，它的权值由式 (3.2) 确定。

实体–引文对 (e,d) 的突发权重 $f_j(e,d)(j \in 1,\cdots,|e_b|)$ 建模引文 d 与目标实体 e 之间的时间相关性。如果引文 d 的发表时间 t 在实体 e 的第 j 个突发期 $B[t_{\text{start}}, t_{\text{end}}]$，即 $t \in [t_{\text{start}}, t_{\text{end}}]$，那么 $f_j(e,d)$ 由式 (3.2) 来确定。反之若 t 没有落入目标实体的第 j 个突发期，$f_j(e,d)$ 设置为 0。由此得到 $f_j(e,d)$，

$$f_j(e,d) = \begin{cases} (1 - \dfrac{t - t_{\text{start}}}{t_{\text{end}} - t_{\text{start}}})bw_{(t_{\text{start}}, t_{\text{end}})}(e), & t \in [t_{\text{start}}, t_{\text{end}}] \\ 0, & \text{其他} \end{cases} \tag{3.2}$$

在式 (3.2) 中，$1 - \dfrac{t - t_{\text{start}}}{t_{\text{end}} - t_{\text{start}}}$ 是一个退化系数，这体现了相对出现在突发期后期出现的文章，出现在突发期早期的文章具有更大的引文价值。

实践中，知识库中目标实体突发特征通常是稀疏的。例如，考虑较短的时期，此时如果仅仅使用 Bag-of-Bursts 来表示实体–引文对 (e,d)，特征向量 $\boldsymbol{f}(e,d)$ 将退化为零向量。为了更好地理解这一点，考虑以下情况：假设实体 e 没有突发特征，或者它的突发特征集中在时间 t_0 处，则具有发表时间为 $t(t \neq t_0)$ 的实体–引文对将表示为零向量，此时做任何相似性比较是没有意义的。

为了解决突发特征表示实体–引文导致的零向量问题，在突发特征的基础上融入常规的实体–引文相关性语义特征，这些语义特征已经获得了很好的性能增益[122]，表 3.1 列出了实体–引文对的语义特征。将这些语义特征直接同实体–引文的突发特征表示向量 (3.1) 进行拼接，就构建了实体–引文的时序和语义表示向量。式 (3.3) 给出了实体–引文对的特征向量表示：

$$\boldsymbol{f}(e,d) = [f_1(e,d),\cdots,f_{|e_b|}(e,d), \text{Num}(e_{\text{rel}}),\cdots,\text{Weekday}(d)] \tag{3.3}$$

对于实体–引文对 (e,d) 而言，此种表示既考虑了实体–引文对的时序特征又考虑它的语义特征。

表 3.1　实体–引文对的语义特征

类别	定义
$\text{Num}(e_{\text{rel}})$	目标实体 e 主页中出现相关实体 e_{rel} 的个数
$\text{Num}(e,d)$	引文 d 中出现目标实体 e 的次数
$\text{Num}(e_{\text{rel}},d)$	目标实体的相关实体 e_{rel} 在引文 d 中出现的次数
$\text{POSF}(e,d)$	目标实体在引文 d 中第一次出现的位置

类别	定义
NFPOS(e,d)	用引文 d 的长度对目标实体 e 在引文 d 中第一次出现位置进行归一化
POSL(e,d)	目标实体 e 在引文 d 中最后一次出现的位置
NPOSL(e,d)	用引文 d 的长度归一化目标实体 e 在引文 d 中最后一次出现的位置
Speed(e,d)	目标实体 e 在引文 d 中的传播速度: POSL(e,d) − POSF(e,d)
Speed$_n(e,d)$	用引文 d 的长度对传播速度 Speed(e,d) 进行归一化
Source(d)	引文 d 的发表来源
Weekday(d)	引文 d 发表于星期几

3.4　实体–引文相关性判别分类模型

在机器学习领域，大多数概率分类方法分为生成模型 (Generative Model) 和判别模型 (Discriminative Model)。由于判别模型具有较好的理论基础[125]，因此在信息检索领域，判别模型的表现一般都优于生成模型[126]。故此使用逻辑回归 (Logistic Regression) 判别分类模型，以 EBDR 得到的实体–引文向量特征表示式 (3.3) 作为其输入，构建实体–引文相关性判别分类模型。

假定百科知识库的目标实体集表示为 $E = \{e_u | u = 1, \cdots, M\}$，引文集表示为 $D = \{d_v | v = 1, \cdots, N\}$，则由 E 和 D 确定实体–引文对实例集合，应用 Logistic Regression 判别分类模型确定实体–引文对的相关性。形式化实体–引文相关性为确定条件概率 $P(r|e,d)$，这里 $r \in \{-1, 1\}$ 为二元随机变量，表示类别标签，r 取 1 表示引文 d 与目标实体 e 相关，r 取 −1 表示引文 d 与目标实体无关。利用实体–引文的向量表示式 (3.3) 和 Logistic Regression 模型，$P(r|e,d)$ 定义如下：

$$P(r = 1|e, d) = \sigma\left(\sum_{i=1}^{K} w_i f_i(e, d) + b\right) \tag{3.4}$$

式 (3.4) 中，$\sigma(x) = 1/(1 + \exp(-x))$ 是逻辑 Sigmoid 函数，w_i 是特征向量第 i 个分量的组合系数，K 是实体–引文对特征向量的长度。由于 $P(r = -1|e, d) = 1 - P(r = 1|e, d)$，则可以推出，

$$P(r = -1|e, d) = 1 - P(r = 1|e, d) = \sigma\left(-\sum_{i=1}^{K} w_i f_i(e, d) - b\right) \tag{3.5}$$

从式 (3.4) 和式 (3.5) 可以看出，$P(r=1|e,d)$ 与 $P(r=-1|e,d)$ 在 Sigmoid 函数里只差一个符号。因此，$P(r|e,d)$ 能够写成如下形式：

$$P(r|e,d) = \sigma(r(\sum_{i=1}^{K} w_i f_i(e,d) + b)) \tag{3.6}$$

为了表述方便，对式 (3.6) 的组合系数和实体–引文特征向量进行扩展，即

$$\vec{w} = (b, w_1, \cdots, w_K)$$

和

$$\boldsymbol{f}(e,d) = (1, f_1(e,d), \cdots, f_K(e,d))$$

则式 (3.6) 重写为：

$$P(r|e,d) = \sigma(r\sum_{i=0}^{K} w_i f_i(e,d)) \tag{3.7}$$

使用式 (3.7) 作为 $P(r|e,d)$ 的概率相关函数。

为每个目标实体训练一个单独的模型。给定目标实体 e，$T = \{(e,d_v)|v = 1, \cdots, N\}$ 表示实体–引文对训练集合，$R = \{r_{ev}|v = 1, \cdots, N\}$ 是对应训练集的相关性判别标签集合，$r_{ev} = 1$ 表示实例 (e,d_v) 是一个正例样本，$r_{ev} = -1$ 表示实例 (e,d_v) 是一个负例样本。

假定训练集 T 中的每个样本是独立生成的，根据式 (3.7)，则训练集 T 的似然函数为：

$$P(R|T) = \prod_{v=1}^{N} \delta(r_{ev} \sum_{i=0}^{K} w_i f_i(e,d_v)) \tag{3.8}$$

式 (3.8) 中的 w_i 可以通过极大化对数似然函数求解：

$$L(\vec{w}) = \sum_{v=1}^{N} \log \delta(r_{ev} \sum_{i=0}^{K} w_i f_i(e,d_v)) \tag{3.9}$$

使用 minFunc 工具包[①]来最大化公式 (3.9)，minFunc 是用于解决最优化问题的一套 Matlab 函数。当算法一旦达到局部最优，此时学习到的最优参数 $w_i(i = 0, \cdots, K)$ 将用来计算测试集中实体–引文对的相关性概率函数。

---

① 可用于神经网络和深度网络，提供各数参数的优化方法。

3.5 基于实体突发特征表示模型的验证

本节给出测试所使用的数据集、场景、结果的评价指标、实验方法以及实验结果的对比分析。

3.5.1 数据集

使用 TREC-KBA-2012 数据集来验证基于实体突发特征的文本表示模型的有效性。TREC-KBA-2012 数据集是由国际文本检索大会 (TREC) 提供的知识库累积引文推荐 (CCR) 任务公开评测的基准数据集，其详细情况已在第 2 章进行介绍。该数据集由 29 个维基百科的实体组成，包括 27 个人物实体和 2 个机构组织。对 TREC-KBA-2012 原始数据进行过滤，依据 CCR 对训练数据和测试数据的分割方法，最终工作数据集中有 17 950 个实体–引文对训练实例，71 365 个实体–引文对测试样本。实体–引文对实例被标注为 4 个相关类别：Central、Relevant、Neutral 和 Garbage，4 种不同相关程度的定义见表 2.2。TREC-KBA-2012 数据集不同相关程度标注情况统计见表 3.2。

表 3.2 TREC-KBA-2012 数据集不同相关程度标注数据统计

类别	训练集	测试集	小计	总计
Garbage	9 382	20 439	29 821	
Neutral	1 757	2 470	4 227	57 755
Relevant	6 500	8 426	14 926	
Central	3 525	5 256	8 781	

3.5.2 任务场景

由于测试数据集中实体–引文对的标注具有 4 种不同的相关类别，因此根据实体–引文相关性分类的不同粒度设置，实体–引文相关性分析任务分为两个不同难度的任务：① Central Only 即从文本大数据流中发现与目标实体重要相关的引文，相对于目标实体，只有标注为 Central 的引文才作为分类模型的正例样本，其他的为负例样本；② Central + Relevant 即从文本大数据流中发现与目标实体重要或相关的引文，对于目标实体，标注为 Central 或 Relevant 的样本为正例，其他的为负例。

3.5.3 系统评价指标

TREC-KBA-2012 使用最大宏平均 $F1 = \max(F_1(\text{avg}(P), \text{avg}(R)))$ 作为累积引文推荐系统的衡量指标，EBDR_X_X 模型也采用这个指标来度量实体–引文相关性分类任务的性能。该指标的计算包括以下三步：

首先，对于任一目标实体，分类系统按照序列的方式计算每个文档的相关性分数。对于每个文档计算一个介于 $(0,1000]$ 范围的相关性得分，因此对所有的实体–引文对都能计算介于 $(0,1000]$ 的相关性得分。

其次，对于任一介于 0 到 1000 之间的阈值 (Cutoff)，对测试集中的数据进行分类。实体–引文对相关性分数高于阈值的，被分为正例样本，小于阈值的实体–引文对被分为负例样本。

最后，计算最大宏平均值 $F1 = \max(F_1(\text{avg}(P), \text{avg}(R)))$。通过以一定的步长变化阈值，针对每一阈值，计算相对于每个实体的准确率 (Precision, P)、召回率 (Recall, R)。接着计算对所有实体的平均准确率 $\text{avg}(P)$ 和平均召回率 $\text{avg}(R)$，再计算宏平均值 $F_1(\text{avg}(P), \text{avg}(R))$。根据所有的阈值，取最大的宏平均 $F1$ 值作为分类系统的性能指标。

另外 TREC-KBA-2012 还使用了规模效用 (Scale Utility, SU) 作为系统的另一个度量指标。该指标衡量系统接收相关引文和拒绝不相关引文的能力。EBDR_X_X 也采用这一指标作为参考指标与 $F1$ 同时作为实体–引文相关性分类系统的性能指标。

3.5.4 测试方法

由于 TREC-KBA-2012 数据集中每个目标实体的标注数据相对充足，因此对每个目标实体训练一个分类模型。目标实体突发期检测算法 2 有两个超参数。一个是移动平均滑动窗口的宽度 w，决定了突发期跨域的观察单位长度，以此来捕获长期或短期的突发期。另一个是标准差的系数 β，决定阈值相对于标准差的放大或缩小倍数，以此来捕获较平凡的突发期或较大的突发期。通过组合这两个超参数，实现 25 个变种的实体–引文相关性判别分类模型，并做了大量广泛的比较实验来验证 EBDR_X_X 模型的实际效果。对比测试列表如下：

- 实体–引文相关性判别分类模型 (**EBDR_X_X**)。该模型是基于实体突发特征文本表示模型 (EBDR) 的实体–引文逻辑回归分类模型。第 1 个 X 表示 EBDR 模型中超参数标准方差的系数 β 的值，第 2 个 X 表示 EBDR 模型中超参数移动平均滑动窗口的宽度。当 $w \in \{1,3,5,7,15\}$ 和 $\beta \in \{0.0, 0.5, 1.0, 1.5, 2.0\}$ 取这些值的组合时，25 个变种的实体–引文相关性分类模型被实现。

- 基于词袋模型的判别分类模型 (**TFIDF-LR**)。该模型是一个基线，模型使用逻辑回归分类方法，采用经典的 Bag-of-Words 来表示实体–引文的语义特征。词袋模型中每个词项的权重由 TF-IDF 值确定，实体–引文的 TF-IDF 值由 Gensim[①] 软件包计算。

- 基于实体–引文相关性语义特征的判别分类模型 (**SEMANTIC-LR**)。该模型是另一个基线，该基线仅使用被证明有效的实体–引文语义特征，其语义特征见表 3.1，分类算法同样是逻辑回归。需要说明的是语义特征与 EBDR 模型中使用的是相同的。

为了进一步比较 3 个模型的效果，引进了两个在 TREC-KBA-2012 数据集上取得最好结果的方法：

- HLTCOE[11]。该模型使用支持向量机、Bag-of-Words 和 Bag-of-Entity-Names 来表示实体–文档特征，曾取得过 TREC-KBA-2012 评测的第一名。

- 2-step J48 [67]。两步分类方法：第一步从文本流中过滤提及目标实体的文档，作为候选引文；第二步使用 J48 分类模型对实体–引文进行分类。

3.5.5 结果及分析

测试的结果汇总见表 3.3。在 Central Only 任务场景上，**EBDR_1.5_5** 取得了最好的 $F1$ 值。除了参考方法 HLTCOE，**EBDR_1.5_7** 获得了最好的 SU 值，表明 EBDR 模型在 TREC-KBA-2012 数据集上使用 $w = 5$ 和 $\beta = 1.5$ 能够很好地捕获实体的突发特征。相对于 **TFIDF-LR**、**SEMANTIC-LR**、HLTCOE 和 2-step J48 参照方法，所有 EBDR 变种方法获得较高的 $F1$ 值。然而，在 Central+Relevant 任务中，所有对比的方法中，没有明显优胜的模型。需要特别说明的是，Central Only 任务是实体–引文相关性分类技术的核心任务。

表 3.3 模型对比结果

方法	Central Only		Central+Relevant	
	$F1$	SU	$F1$	SU
SEMANTIC-LR	0.366	0.367	0.747	0.745
TFIDF-LR	0.318	0.319	0.745	0.754
HLTCOE	0.359	0.402	0.492	0.555

① Gensim 是一款用于从文档中自动提取语义主题的 Python 工具包。

（续）

（续表）

（续表）

方法	Central Only		Central+Relevant	
	$F1$	SU	$F1$	SU
2-step J48	0.360	0.263	0.649	0.630
ERDR_0.0_1	0.390	0.354	0.730	0.728
EBDR_0.0_3	0.388	0.361	0.738	0.735
EBDR_0.0_5	0.383	0.366	0.735	0.729
EBDR_0.0_7	0.392	0.366	0.747	0.739
EBDR_0.0_15	0.375	0.359	0.743	0.734
EBDR_0.5_1	0.383	0.356	0.744	0.736
EBDR_0.5_3	0.379	0.359	0.736	0.730
EBDR_0.5_5	0.385	0.360	0.746	0.738
EBDR_0.5_7	0.389	0.371	0.743	0.740
EBDR_0.5_15	0.391	0.382	0.746	0.741
EBDR_1.0_1	0.384	0.373	0.745	0.740
EBDR_1.0_3	0.389	0.345	0.743	0.738
EBDR_1.0_5	0.373	0.369	0.742	0.737
EBDR_1.0_7	0.387	0.365	0.744	0.742
EBDR_1.0_15	0.372	0.363	0.747	0.747
EBDR_1.5_1	0.391	0.356	0.739	0.731
EBDR_1.5_3	0.401	0.374	0.745	0.743
EBDR_1.5_5	**0.408**	0.360	0.742	0.739
EBDR_1.5_7	0.398	**0.386**	0.743	0.736
EBDR_1.5_15	0.393	0.368	0.747	0.742
EBDR_2.0_1	0.382	0.357	0.739	0.732
EBDR_2.0_3	0.369	0.361	0.742	0.734
EBDR_2.0_5	0.389	0.359	0.740	0.733
EBDR_2.0_7	0.383	0.357	0.741	0.739
EBDR_2.0_15	0.378	0.359	0.741	0.733

在表 3.3 中，相比 **SEMANTIC-LR** 模型的结果，模型 **EBDR_1.5_5** 在 Central Only 任务中提高了近 11% 的 $F1$ 值。与模型 **TFIDF-LR** 比较，所有的 EBDR 模型变种同样在 Central Only 任务中都取得相当高的 $F1$ 值，且实验结果最高的 EBDR 模型，其 $F1$ 值高出 **TFIDF-LR** 模型近 28%。但是在 Central +Relevant 任务中，模型 EBDR 的各变种与 **TFIDF-LR** 模型从 $F1$ 值上几乎没

有什么明显的区别。在 Central Only 任务下，EBDR 模型各变种的 $F1$ 值远远超过模型 **SEMANTIC-LR** 和 **TFIDF-LR**，这充分验证了模型研究的动机，即目标实体的突发特征能够提高实体–引文相关性分类任务的性能，同时也说明突发特征能够捕获目标实体的重要相关引文。

与 TREC-KBA-2012 评测第一名的模型 HLTCOE 以及 2-step J48 模型相比，EBDR 所有变种在两种任务中都取得很高的 $F1$ 值。在 Central Only 任务中，最大宏平均 $F1$ 值最高的 EBDR 变种超出模型 HLTCOE 为 14%，超出 2-step J48 模型 13%。在 Central+Relevant 任务中，EBDR 变种 $F1$ 最高的模型高出 HLTCOE 模型近 65%，高出 2-step J48 模型近 51%。表明 EBDR 模型优于比较的其他模型。

3.5.6 实体级粒度比较

最大宏平均 $F1$ 值衡量了实体–引文相关性分类任务的整体性能，可是忽略了实体之间的差别。本节以 **EBDR_1.5_5** 模型和 **SEMANTIC-LR** 模型为比对模型，比较在 Central Only 任务中每个目标实体的分类性能。

具体来说，首先取模型 **EBDR_1.5_5** 与模型 **SEMANTIC-LR** 获得最大宏平均 $F1$ 值对应的阈值。接着以此阈值作为每个目标实体对应测试样本进行分类的临界值，大于此阈值的样本为正例，小于的则为负例。然后计算每个目标实体在不同模型下的准确率 P、召回率 R 和调和平均 F_1 值。最后分别计算每个目

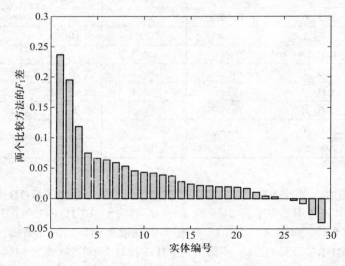

图 3.2 模型 **EBDR_1.5_5** 与模型 **SEMANTIC-LR** 对每个目标实体的 F_1 差

标实体在模型 **EBDR__1.5__5** 与模型 **SEMANTIC-LR** 上的 F_1 值差。图 3.2 给出 29 个目标实体两个比较模型的调和平均 F_1 差，以降序的方式对目标实体调和平均 F_1 差值进行排序。正值意味着模型 **EBDR__1.5__5** 在此目标实体上 F_1 值优于模型 **SEMANTIC-LR**，负值表示模型 **SEMANTIC-LR** 的 F_1 值在对应的目标实体上优于模型 **EBDR__1.5__5**。从结果可以看出，29 个目标实体中，有 24 个实体的 F_1 差值大于零。这进一步表明，EBDR 模型不仅在整体上优于模型 **SEMANTIC-LR**，而且在细粒度的实体级别也高于模型 **SEMANTIC-LR**。

3.6 本章小结

在线百科知识库实体–引文相关性分类任务的目的，是从文本大数据流中检索并发现与目标实体具有不同相关程度的候选引文。分类任务涉及两方面的技术，一是如何对实体–引文进行表示；二是选择什么样的分类模型对其进行学习。本章以实体的突发特征为出发点，构建以实体突发特征为基础的文本表示模型 EBDR。该模型不仅能建模实体的突发特征，还能捕获实体–引文的语义特征。针对 TREC-KBA-2012 数据集中目标实体标注数据的特点，为每个目标实体在 TREC-KBA-2012 数据集训练一个逻辑回归分类模型。测试结果表明，EBDR 模型优于 TREC-KBA-2012 评测的最好模型 HLTCOE 和 2-step J48，同时也超过了本章给出的两个基线：TFIDF-LR 模型和 SEMANTIC-LR 模型。

[评注]

本章的内容主要源自作者发表在北京理工大学学报（英文版）的一篇文章[127]。EBDR 模型充分挖掘了实体的时间特征，把实体–引文的语义特征融入实体的突发特征中，进而提出一种新的实体–引文特征表示方法。采用经典的逻辑回归分类模型，在 KBA-CCR-2012 数据集上验证了表示方法的有效性。给出了累积引文推荐如何进行特征抽取的思路，为其他有效的模型提供了数据基础。

第 4 章 实体–引文类别依赖的混合模型

第 3 章通过构建基于实体突发特征的文本表示模型，为每个目标实体学习了一个判别分类模型，以解决实体–引文相关性分类任务。事实上，百科知识库中的目标实体具有多样性和海量性特点，同时网络文本大数据中的文本也具有这些特点，所以人工标注数据不可能涵盖所有的实体和文本类别。因此，为了充分利用有限的人工标注数据，建模目标实体与网络文本的多样性，本章将学习 1 个实体–引文类别依赖的混合模型。该模型不仅能够适应不同类别的实体和引文，同时也能处理未知实体的引文相关性分类问题。

4.1 引言

知识库加速–累积引文推荐 (KBA-CCR) 任务的核心内容是实体–引文相关性分类任务。实体–引文相关性分类任务旨在应用信息检索、自然语言理解和机器学习等方法，从网络文本大数据流中查找并发现与目标实体具有不同优先级别的候选引文。

先前研究实体–引文相关性分析的工作[8, 14, 67, 122]，为每个目标实体学习 1 个分类模型，每个目标实体需要有足够充分的标注数据来学习模型。显然，这对于大规模的在线百科知识库来说是不现实的。有些学者提出了构建全局实体无关的判别模型[12, 128]，为所有目标实体训练一个模型，然后用此模型对所有的目标实体的引文进行分类。但是，由于全局分类模型忽略了目标实体之间类别的差异性，为所有的实体训练 1 个固定参数的模型，导致学习到的实体–引文相关性分类系统性能表现一般。例如，对于计算机方面的专家 Geoffrey Hinton 与艺术博物馆 Appleton Museum of Art 这两个实体而言，由于二者的类别完全不一样，显然全局模型使用相同的模型参数，完全没有考虑这两个实体类别差异的先验性知识。事实上，当目标实体引用相关文档时，相同类别的实体具有相同的偏好，因此它们在判别分类模型中也具有相同的组合权重。相对于艺术博物馆 Appleton Museum of Art 实体，女计算机科学家 Barbara Liskov 的模型组合权重更加适合计算机专家 Geoffrey Hinton。同目标实体之间类别差异的先验知识一样，引文也能提供一些文档的先验知识。嵌入在引文内部的先验知识影响其被推荐给目标实体相关性分类的级别。针对目标实体中蕴含的先验知识，Wang 等人[16] 2015 年在 SIGIR 上提出了实体类别依赖的判别混合模型，把实体之间类别差异的先验知识融入判别混合模型中。在 TREC-KBA-2013 数据集上进行测试，实验结果表明，该模型不仅在所处理的目标实体上表现优异，同时对训练集中未出现的实体也表现不俗。对于引文的先验知识，Wang 等人[17] 2015 年在 EMNLP 上提出了文档类别依赖的判别混合模型，该模型使用了引文类别的先验知识，如引文的主题和引文的来源。但由于仅仅单方面考虑引文的先验信息，而没有考虑目标实体的先验知识，导致该模型在 TREC-KBA-2013 数据集的性能表现一般。

相对于实体和文本的多样性和数量，人工标注数据不可能涵盖所有的实体和文本类别。因此需要充分利用有限的人工标注数据，建模目标实体与网络文本的多样性。蕴含在实体–文本对的先验知识是提高分类性能最有效的信息。事实上，实体–引文相关性分类的本质是对实体–引文对的分类，因此需要同时考虑实体和引文的先验知识。例如，当处理的引文主题是"音乐"时，此引文更有可能与音乐家实体或音乐乐队高度相关，与政治家实体的相关性极低。反之，当处理的目标实体是音乐家时，主题是"音乐"的引文有极高的可能性被分类为重要引文，而主题是"政治"的引文几乎不可能被分类为重要引文。基于此，本章将同时考虑实体与引文的先验知识，并把这些先验知识特征同实体–引文的其他特征区别开来。

由于混合模型引入隐层学习不同特征向量的组合权重，表现总是超过简单的判别模型。混合模型已成功应用在不同的信息检索任务中，以解决数据不充足的问题，包括专家搜索[129]、协同过滤[130] 和图像检索[131] 等。本章提出一种实体–引文类别依赖的判别混合模型框架，把实体–引文的两类特征集成起来，该框架不仅能处理实体–引文类别，而且也能分别处理实体类别和引文类别。

实体–引文类别依赖的混合模型是一个层次化的组合模型，由混合成分和判别成分组成，混合成分建模实体–引文潜在类别的概率，判别成分建模实体–引文在给定类别前提下的分类类别的概率。具体来说，判别成分使用实体与引文之间的语义特征。对于混合成分，模型探索使用两种实体类别特征来捕获实体与隐类别的相关性，一种是目标实体主页特征，另一种是目标实体所属类别特征；同时，考虑两种基于主题的文档类别特征，包括 TF-IDF 模型和 LDA 模型。

根据现有的知识，这是第一篇研究实体–引文组合类别的判别混合分类模型，建模隐实体–引文类别和组合实体–引文的相关性。通过在 TREC-KBA-2013 和 TREC-KBA-2014 两个公开数据集上的大量测试可以看出：该模型不仅能够处理实体–引文标注数据不足的问题，特别是知识库中长尾实体；还能处理训练集中未出现过实体的引文分类问题，具有很高的鲁棒性。

实体–引文组合类别的判别混合分类模型具有以下特点：

① 同时考虑了实体与引文的先验知识，把实体–引文的先验知识特征与实

体–引文的其他特征区别开来。

② 提出了 1 个实体–引文类别依赖的混合模型框架，不仅可以处理实体–引文对的先验信息，还能够处理实体类别的先验信息和引文类别的先验信息。

③ 在 TREC-KBA-2013 和 TREC-KBA-2014 两个公开数据集上进行了大量的测试。实验结果证实该模型不仅能处理实体–引文标注数据不足的问题，还能解决训练集中未出现过实体的引文分类问题，具有极强的鲁棒性。

4.2　混合模型的相关工作

混合模型由 Jacobs 等人[132] 于 1999 年率先提出，在机器学习领域是一个非常流行的框架，建模异质数据的分类、回归和聚类任务[133, 134]，成功应用在医疗、金融、监控等领域[135]。在信息检索领域，混合模型用来解决数据不一致带来的任务，包括专家检索[129]、整合检索[136]、协同过滤[130] 和图像检索[131] 等。混合模型通过引入 1 个隐层，为不同的特征学习灵活可变的组合权重，性能超过使用固定权重的简单全局判别模型。使用混合模型来建模实体–引文的不同类型，为不同的实体–引文类型学习不同的组合权重，以提高系统的分类性能。

4.3　类别依赖的判别混合模型

新的实体–引文相关性分类学习框架把逻辑回归分类模型与实体–引文的隐类型概率分布组合起来，最终构建一个判别混合模型。首先，给出实体– 引文相关性分析的形式定义，并把它建模为分类任务；其次，给出实体–引文相关性分类的全局判别模型，提出实体–引文类别依赖的判别混合模型框架，以及该框架的两个特殊模型：实体类别依赖的判别混合模型和引文类别依赖的判别混合模型，给出模型参数求解的方法；最后，对此框架进行讨论。

4.3.1　模型定义

把实体–引文相关性分析任务视为分类问题，把相关的实体–引文对作为正例样本，不相关的实体–引文对作为负例样本。大多数概率分类方法归类为概率生成模型和概率判别模型两种类型。相比生成模型，判别模型具有坚实的理论基础[125]，而且生成模型在信息检索领域通常表现得比较优秀[126, 137]。因此，选择概率判别模型来建模实体–引文相关性分类任务。

给定目标实体集合 $E = \{e_u | u = 1, \cdots, M\}$，引文集合 $D = \{d_v | v = 1, \cdots, N\}$，实体–引文相关性分析的目标是估计引文 d 相对于目标实体 e 的

相关性得分，相关性得分通常用概率来表示。换句话说，给定任一实体–引文对 (e,d)，估计条件概率 $P(r|e,d)$，这里 $r(r \in \{1,-1\})$ 是一个二元随机变量表示实体–引文对 (e,d) 是否相关。

每个实体–引文对表示为一个特征向量 $\boldsymbol{f}(e,d) = (f_1(e,d), \cdots, f_K(e,d))$，$K$ 表示特征向量的维度。针对目标实体的类别信息，用 $\boldsymbol{g}(e) = (g_1(e), \cdots, g_L(e))$ 表示实体 e 的特征向量，L 表示实体特征向量的数量。对于引文的类别信息，用 $\boldsymbol{g}(d) = (g_1(d), \cdots, g_C(d))$ 表示引文 d 的特征向量，C 为引文特征向量的长度。

4.3.2 全局判别分类模型

采用经典的概率判别分类模型逻辑回归（Logistic Regression）来建模条件概率函数 $P(r|e,d)$。在概率函数 $P(r|e,d)$ 中，$r(r \in \{1,-1\})$ 是一个二元随机变量表示实体–引文对 (e,d) 相关与否，r 取 1 表示引文 d 与目标实体 e 相关，r 取 -1 表示引文 d 与目标实体 e 不相关。利用实体–引文对的特征向量，Logistic Regression 分类模型的参数形式 $P(r=1|e,d)$ 由式 (4.1) 给出：

$$P(r=1|e,d) = \delta\left(\sum_{i=1}^{K} \omega_i f_i(e,d) + b\right) \tag{4.1}$$

在式 (4.1) 中，$\delta(x) = 1/(1 + \exp(-x))$ 是标准的逻辑 (Logistic) 函数，b 是一个常量，ω_i 是实体–引文对特征向量中第 i 个分量的组合权重。为了表述方便，令 $\omega_0 = b$，$f_0(e,d) = 1$，则式 (4.1) 能够简化为，

$$P(r=1|e,d) = \delta\left(\sum_{i=0}^{K} \omega_i f_i(e,d)\right) \tag{4.2}$$

对于 $P(r=-1|e,d)$，根据概率的基本运算规则及式 (4.2) 的表达，有：

$$P(r=-1|e,d) = 1 - P(r=1|e,d) = \delta\left(-\sum_{i=0}^{K} \omega_i f_i(e,d)\right) \tag{4.3}$$

从式 (4.2) 和式 (4.3) 可以看出，$P(r=1|e,d)$ 与 $P(r=-1|e,d)$ 在逻辑函数变量内只相差一个符号，因此可以把二者进行统一表示，得出更一般的 $P(r|e,d)$ 表示：

$$P(r|e,d) = \delta\left(r \sum_{i=0}^{K} \omega_i f_i(e,d)\right) \tag{4.4}$$

条件概率 $P(r|e,d)$ 表示引文 d 与目标实体 e 的相关程度。给定 $P(r=1|e,q)$ 的概率值，实体–引文对 (e,d) 被分为正实例或负实例。由于此模型学习到的参数

对所有的实体–引文对等效，而没有考虑实体–引文对之间的差别，因此把此模型称为全局判别模型 (Global Discriminative Model, GDM)。

4.3.3 实体–引文类别依赖的判别混合模型

给定任一实体–引文对，考虑实体隐类别的同时，也需要考虑引文的潜在类别。提出 1 个实体–引文类别依赖的判别混合模型 (Hybrid Entity and Document Class-dependent Discriminative Mixture Model, HEDCDMM)，同时建模实体类别与引文类别的先验知识。具体来说，定义两个隐随机变量 z 和 x，分别表示目标实体类别的随机变量和引文类别的随机变量，随机变量 z 和 x 的选择由给定的实体–引文对 (e, d) 来确定。给定实体–引文对 (e, d)，相关性随机变量 r、实体类别随机变量 z 和引文类别随机变量 x 的联合概率分布可以表示成：

$$P(r, z, x|e, d; \alpha, \beta, \omega) = P(z, x|e, d; \alpha, \beta)P(r|e, d, z, x; \omega) \tag{4.5}$$

式 (4.5) 中，$P(z, x|e, d; \alpha, \beta)$ 是隐实体类别随机变量 z 与引文类别随机变量 x 的联合概率分布，表示混合模型的混合因子 (Mixing Coefficient)。α 与 β 是对应实体类随机变量与引文类随机变量的参数。$P(r|e, d, z, x; \omega)$ 表示混合模型的判别分类函数，取逻辑回归分类模型。$\omega = \{\omega_{zxi}, i = 1, \cdots, K\}$ 是判别分类函数对应的组合参数 (Combination Parameter)，其中，ω_{zxi} 为给定隐变量 z 与 x 后，对应实体–引文对 (e, d) 特征向量第 i 项的参数权重。则有

$$P(r, z, x|e, d; \alpha, \beta, \omega) = P(z, x|e, d; \alpha, \beta)\delta\left(r \sum_{i=0}^{K} \omega_{zxi}f_i(e, d)\right) \tag{4.6}$$

式 (4.6) 中，$\delta(\cdot)$ 的简化表达如式 (4.4)，有 $\omega_0 = b$，$f_0(e, d) = 1$。

为了降低模型的复杂度，假定隐实体类随机变量 z 与隐引文类别随机变量 x 相互独立，即隐实体类别与引文类别之间相互独立。在此假设下，式 (4.6) 重新写成：

$$P(r, z, x|e, d; \alpha, \beta, \omega) = P(z|e; \alpha)P(x|d; \beta)\delta\left(r \sum_{i=0}^{K} \omega_{zxi}f_i(e, d)\right) \tag{4.7}$$

在式 (4.7) 中，$P(z|e; \alpha)$ 可以使用多项式分布来建模目标实体不同的类别。可是多项式分布不能融入参数，不能扩展到训练数据集中未出现的实现，可扩展性差。因此，采用 Softmax 函数来义 $P(z|e; \alpha)$，即

$$P(z|e; \alpha) = \frac{1}{Z_e} \exp\left(\sum_{j=1}^{L} \alpha_{zj}g_j(e)\right) \tag{4.8}$$

α_{zj} 是目标实体 e 特征向量的第 j 项的参数权重，Z_e 是归一化因子，旨在将指数数值转换为一个概率分布。类似地，$P(x|d;\beta)$ 定义如下：

$$P(x|d;\beta) = \frac{1}{X_d} \exp(\sum_{j=1}^{C} \beta_{xj} g_j(d)) \tag{4.9}$$

其中，β_{xj} 是引文 d 特征向量第 j 项的参数权重，X_d 是归一化因子。

把式 (4.8) 和式 (4.9) 代入式 (4.7)，并边缘化随机变量 z 和 x，则得出实体–引文类别依赖的相关性判别混合模型 $P(r|e,d;\alpha,\beta,\omega)$ 表达式：

$$
\begin{aligned}
P(r|e,d;\alpha,\beta,\omega) = \\
\frac{1}{Z_e} \frac{1}{X_d} \sum_{z=1}^{N_z} \sum_{x=1}^{N_x} \exp\left(\sum_{j=1}^{L} \alpha_{zj} g_j(e)\right) \\
\exp\left(\sum_{j=1}^{C} \beta_{xj} g_j(d)\right) \delta\left(r \sum_{i=0}^{K} \omega_{zxi} f_i(e,d)\right)
\end{aligned}
\tag{4.10}
$$

其中，N_z 是隐实体类别的个数，N_x 是隐引文类别的数量。实体–引文类别依赖的判别混合模型的图模型如图 4.1 所示，模型中 α、β、ω 是需要学习的参数，x、z 是隐变量，d、e、r 是观察变量。

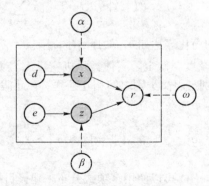

图 4.1　实体–引文类别依赖的判别混合模型的图模型表示

设训练集表示为 $T = \{(e_u, d_v)|u = 1, \cdots, M; v = 1, \cdots, N\}$，$R = \{r_{uv}|u = 1, \cdots, M; v = 1, \cdots, N\}$ 表示对应训练集的相关性判断，即 r_{uv} 为 1 或 -1，分别表示实体–引文对 (e_u, d_v) 相关或不相关。假定每个实体–引文对样本是独立生成

的，则训练集数据的似然函数：

$$P(\mathcal{R}|\mathcal{T}) = \prod_{u=1}^{M} \prod_{v=1}^{N} P(r_{uv}|e_u, d_v)$$

$$= \prod_{u=1}^{M} \prod_{v=1}^{N} \left(\frac{1}{Z_{e_u}} \frac{1}{X_{d_v}} \sum_{z=1}^{N_z} \sum_{x=1}^{N_x} \exp(\sum_{j=1}^{L} \alpha_{zj} g_j(e_u)) \right.$$

$$\left. \exp(\sum_{j=1}^{C} \beta_{xj} g_j(d_v)) \delta(r_{uv} \sum_{i=0}^{K} \omega_{xi} f_i(e_u, d_v)) \right) \tag{4.11}$$

4.3.4 模型参数估计

似数函数式 (4.11) 中的参数 ω、α 和 β 能够通过最大化对数似然函数式 (4.12) 获得，

$$\mathcal{L}_h(\omega, \alpha, \beta) = \sum_{u=1}^{M} \sum_{v=1}^{N} \log \left(\frac{1}{Z_{e_u}} \frac{1}{X_{d_v}} \sum_{z=1}^{N_z} \sum_{x=1}^{N_x} \exp(\sum_{j=1}^{L} \alpha_{zj} g_j(e_u)) \right.$$

$$\left. \exp(\sum_{j=1}^{C} \beta_{xj} g_j(d_v)) \delta(r_{uv} \sum_{i=0}^{K} \omega_{zxi} f_i(e_u, d_v)) \right) \tag{4.12}$$

其中，M 是目标实体的数量，N 是训练集中引文的数量。

最大化 $\mathcal{L}_h(\omega, \alpha, \beta)$ 函数的典型算法是期望最大化 (Expectation-Maximization, EM) 算法[138]。给定实体–引文对 (e_u, d_v)，参数 α、β 和 ω，EM 算法的 E 步 (E-step) 计算后验概率 $P(z, x|e_u, d_v; \alpha, \beta, \omega)$。为此，令：

$$\text{Norm}(e_u, d_v) = \sum_{z=1}^{N_z} \sum_{x=1}^{N_x} \exp(\sum_{j=1}^{L} \alpha_{zj} g_j(e_u)) \exp(\sum_{j=1}^{C} \beta_{xj} g_j(d_v))$$

$$\delta(r_{uv} \sum_{i=0}^{K} \omega_{zxi} f_i(e_u, d_v)),$$

$\theta^{\text{old}} = \{\alpha^{\text{old}}, \beta^{\text{old}}, \omega^{\text{old}}\}$，$\theta = \{\alpha, \beta, \omega\}$ 则有：

$$P(z, x|e_u, d_v; \theta^{\text{old}}) = \frac{1}{\text{Norm}(e_u, d_v)} \exp(\sum_{j=1}^{L} \alpha_{zj} g_j(e_u))$$

$$\exp(\sum_{j=1}^{C} \beta_{xj} g_j(d_v)) \delta(r_{uv} \sum_{i=0}^{K} \omega_{zxi} f_i(e_u, d_v)) \tag{4.13}$$

根据联合后验概率式 (4.13)，应用概率公式能够推出边缘分布 $P(z|e_u, d_v; \theta^{\text{old}})$ 和 $P(x|e_u, d_v; \theta^{\text{old}})$，它们的表达式分别如下：

$$P(z|e_u, d_v; \theta^{\text{old}}) = \frac{1}{\text{Norm}(e_u, d_v)} \exp(\sum_{j=1}^{L} \alpha_{zj} g_j(e_u))$$
$$\sum_{x=1}^{N_x} \exp(\sum_{j=1}^{C} \beta_{xj} g_j(d_v)) \delta(r_{uv} \sum_{i=0}^{K} \omega_{zxi} f_i(e_u, d_v)) \tag{4.14}$$

和

$$P(x|e_u, d_v; \theta^{\text{old}}) = \frac{1}{\text{Norm}(e_u, d_v)} \exp(\sum_{j=1}^{C} \beta_{xj} g_j(d_v))$$
$$\sum_{z=1}^{N_z} \exp(\sum_{j=1}^{L} \alpha_{zj} g_j(e_u)) \delta(r_{uv} \sum_{i=0}^{K} \omega_{zxi} f_i(e_u, d_v)) \tag{4.15}$$

根据 EM 算法，最大化 $\mathcal{L}_h(\omega, \alpha, \beta)$ 的辅助 Q 函数定义：

$$Q(\theta, \theta^{\text{old}}) = \sum_{u=1}^{M} \sum_{v=1}^{N} \sum_{z,x} P(z, x|e_u, d_v; \theta^{\text{old}}) \left[\log\left(\frac{1}{Z_{e_u}} \exp(\sum_{j=1}^{L} \alpha_{zj} g_j(e_u))\right) \right.$$
$$\left. + \log\left(\frac{1}{X_{d_v}} \exp(\sum_{j=1}^{C} \beta_{xj} g_j(d_v))\right) + \log\left(\delta(r_{uv} \sum_{i=0}^{K} \omega_{zxi} f_i(e_u, d_v))\right) \right] \tag{4.16}$$

因此，根据 $Q(\theta, \theta^{\text{old}})$ 函数，最大化 M 步 (M-step) 参数的更新规则：

$$\omega_{zx}^* = \arg\max_{\omega_{zx}} \sum_{u=1}^{M} \sum_{v=1}^{N} P(z, x|e_u, d_v) \log\left(\delta(r_{uv} \sum_{i=0}^{K} \omega_{zxi} f_i(e_u, d_v))\right) \tag{4.17}$$

$$\alpha_z^* = \arg\max_{\alpha_z} \sum_{u=1}^{M} \left(\sum_{v=1}^{N} P(z|e_u, d_v)\right) \log\left(\frac{1}{Z_{e_u}} \exp(\sum_{j=1}^{L} \alpha_{zj} g_j(e_u))\right) \tag{4.18}$$

$$\beta_x^* = \arg\max_{\beta_x} \sum_{v=1}^{N} \left(\sum_{u=1}^{M} P(x|e_u, d_v)\right) \log\left(\frac{1}{X_{d_v}} \exp(\sum_{j=1}^{C} \beta_{xj} g_j(d_v))\right) \tag{4.19}$$

对于上述 3 个最优化问题，采用梯度上升法，利用 minFunc 软件工具包来进行求解。当整个 EM 算法达到收敛时，学习到的模型参数就是最优问题对应的参数，应用这些模型参数，可以对目标实体的引文进行分类。

4.3.5　实体–引文类别依赖判别混合模型的两个特例

式 (4.5) 同时建模了隐实体类别随机变量 z、隐引文类别随机变量 x 和相关性随机变量 r 的联合概率分布。当模型只考虑隐实体类别随机变量 z 时，模型退化为实体类别依赖的判别混合模型(Entity Class-dependent Discriminative Mixture Model, ECDMM)。具体来说，引入隐实体类随机变量 z，表示组合参数 $\omega_z = (\omega_{z1}, \cdots, \omega_{zK})$ 是从实体的隐 z 类别中抽取出来的。则实体的隐类别 z 与实体–引文的相关性随机变量 r 的联合概率分布定义为：

$$P(r, z | e, d; \alpha, \omega) = P(z | e; \alpha) P(r | e, d, z; \omega) \tag{4.20}$$

同样，$P(z | e; \alpha)$ 表示混合因子，表示给定目标实体 e, 选择实体的隐类别为 z 的概率。α 是对应的混合因子参数，$P(r | e, d, z; \omega)$ 表示在隐类别为 z 的前提下实体–引文对的判别函数，$\omega = (\omega_{z1}, \cdots, \omega_{zK})$ 是组合参数。利用概率边缘分布计算公式，可以得出实体类别依赖判别混合模型 (ECDMM)：

$$P(r | e, d; \alpha, \omega) = \sum_{z=1}^{N_z} P(z | e; \alpha) \delta \left(r \sum_{i=0}^{K} \omega_{zi} f_i(e, d) \right) \tag{4.21}$$

其中，N_z 是隐实体类别的数量。同样定义 $P(z | e; \alpha)$ 为 Softmax 函数，即

$$P(z | e; \alpha) = \frac{1}{Z_e} \exp(\sum_{j=1}^{L} \alpha_{zj} g_j(e)) \tag{4.22}$$

把式 (4.22) 代入式 (4.21)，得到 ECDMM 模型：

$$P(r | e, d; \alpha, \omega) = \frac{1}{Z_e} \sum_{z=1}^{N_z} \exp \left(\sum_{j=1}^{L} \alpha_{zj} g_j(e) \right) \delta \left(r \sum_{i=0}^{K} \omega_{zi} f_i(e, d) \right) \tag{4.23}$$

类似地定义引文类别依赖的判别混合模型(Document Class-dependent Discriminative Mixture Model, DCDMM)，其表达式为：

$$P(r | e, d; \beta, \omega) = \frac{1}{X_d} \sum_{x=1}^{N_x} \exp \left(\sum_{j=1}^{C} \beta_{xj} g_j(d) \right) \delta \left(r \sum_{i=0}^{K} \omega_{xi} f_i(e, d) \right) \tag{4.24}$$

其中，N_x 是隐文档类别的数量，X_d 是归一化因子。

4.3.6 混合模型的特点

相对于全局判别分类模型 GDM，实体–引文类别依赖的判别混合模型 HED-CDMM，以及它的两个特例 ECDMM 和 DCDMM，具有如下特点：

① 混合因子对应的组合权重可以随着实体–引文类别的不同而改变，模型具有更大的灵活性，能够适应长尾实体对应的引文分类问题。

② 混合模型为实体隐类别提供了概率语义，这样给定目标实体，目标实体可以与多个隐类别相关联。

③ 混合模型为引文的隐类别提供了概率语义，可以使用给定的引文与多个隐类别相联系。

④ 混合模型为实体–引文隐类别提供了概率语义，对于给定实体–引文对，能够与多个隐实体–引文类别相关联。

⑤ 混合模型可以解决训练数据不均衡及某些实体训练数据缺失的问题。

4.4 实体、引文的特征选择

本节将介绍在混合模型中使用的三类特征，实体–引文对特征 $f(e, d)$、实体类特征 $g(e)$ 和引文类特征 $g(d)$。$f(e, d)$ 用在混合模型的判别函数中，$g(e)$ 与 $g(d)$ 用在混合模型的混合因子中。

4.4.1 实体–引文特征

实体–引文特征由实体与引文的语义特征和时序特征组成。实体与引文的语义特征和时序特征见表 4.1，这些特征应用在知识库加速–累积引文推荐 (KBA-CCR) 任务中，取得了比较理想的性能[12, 122]。语义特征建模目标实体与引文之间的语义特征，包括二者之间的相互关联，实体在引文中的传播速度、出现的位置、次数等，以及引文与实体主页各部分之间的相关性特征。时序特征建模目标实体的动态特征。如果一个引文在目标实体的突发期间发表出来，则它有很高的概率作为该实体的重要引文。本章利用文本流语料库，依据该库中提及目标实体的所有文档，作为检测实体突发期的数据源。

表 4.1　实体–引文的语义和时序特征

特征	定义
$N(e_{\mathrm{rel}})$	目标实体 e 主页中出现相关实体 e_{rel} 的个数
$N(d, e)$	目标实体 e 在引文 d 中出现的次数

特征	定义
$N(d, e_{\mathrm{rel}})$	目标实体的相关实体 e_{rel} 在引文 d 中出现的次数
$\mathrm{FPOS}(d, e)$	目标实体 e 在引文 d 中第一次出现的位置
$\mathrm{FPOS}_n(d, e)$	用引文 d 的长度对目标实体 e 在引文 d 中第一次出现位置进行归一化
$\mathrm{LPOS}(d, e)$	目标实体 e 在引文 d 中最后一次出现的位置
$\mathrm{LPOS}_n(d, e)$	用引文 d 的长度归一化目标实体 e 在引文 d 中最后一次出现的位置
$\mathrm{Spread}(d, e)$	目标实体 e 在引文 d 中的传播速度：$\mathrm{LPOS}(d, e) - \mathrm{FPOS}(d, e)$
$\mathrm{Spread}_n(d, e)$	用引文 d 的长度归一化传播速度 $\mathrm{Speed}(e, d)$
$\mathrm{Sim}_{\mathrm{cos}}(d, s_i(e))$	引文 d 与目标实体 e 主页的第 i 个部分内容的余弦相似度
$\mathrm{Sim}_{\mathrm{jac}}(d, s_i(e))$	引文 d 与目标实体 e 主页的第 i 个部分内容的 Jaccard 度
$\mathrm{Sim}_{\mathrm{cos}}(d, c_i)$	引文 d 与目标实体 e 主页的第 i 个参考文献内容的余弦相似度
$\mathrm{Sim}_{\mathrm{jac}}(d, c_i)$	引文 d 与目标实体 e 主页的第 i 个参考文献内容的 Jaccard 相似度

4.4.2　实体类别特征

实体类别特征用来学习混合模型中的混合因子，并引入实体类别的两种先验信息，分别是基于实体主页的类别特征和基于实体分类标签的特征。

1. 基于实体主页的类别特征

每个目标实体对应一个主页，主页中包括实体的基本信息，例如姓名、地址和经历等。相同类型实体的主页内容极为相似，因此实体主页可以建模实体的隐含类别。为了获得目标实体集的主页特征，首先，利用爬虫工具获取目标实体的主页集合，使用 Boilerpipe[139] 抽取主页内容；接着去除停用词、去掉高频与低频词；最后应用词袋模型，建立目标实体主页类别的特征向量，各词项的权重由 TF-IDF 确定。模型使用 $g^p(e)$ 表示实体 e 主页的特征向量。

2. 基于实体类别标签的特征

百科知识库（如维基百科）为每个实体提供了分类标签，且这些分类标签是由编辑人员进行维护的，因此其分类类别是相对准确的。例如，实体 Geoffrey Hinton 在维基百科被标注的类别有：加拿大计算机科学家 (Canadian computer scientists)、人工智能研究者 (Artificial intelligence researchers) 和 AAAI 会士 (Fellows of the Association for the Advancement of Artificial Intelligence) 等，如图 4.2 所示。再如计算机科学家 Barbara Liskov，她在维基百科中的分类标签如图 4.3 所示。仔细观察这两个实体的分类标签时，可以发现二者没有共同的分类

```
Categories: Artificial intelligence researchers
| British computer scientists   | Canadian computer scientists
| Cognitive scientists
| Fellows of the Association for the Advancement of Artificial Intelligence
| Fellows of the Royal Society   | Google employees    | Living people
| Machine learning researchers   | University of Toronto faculty
| Canada Research Chairs   | 1947 births
| Carnegie Mellon University faculty   | Rumelhart Prize laureates
| Alumni of the University of Edinburgh
| Fellows of the Cognitive Science Society
```

图 4.2　Geoffrey Hinton 的维基百科分类标签

```
Categories: American computer scientists
| Programming language designers   | Women computer scientists
| 1939 births   | Living people   | American women scientists
| American women academics   | Programming language researchers
| Researchers in distributed computing   | Women in technology
| Fellows of the Association for Compuuting Machinery
| Members of the United States National Academy of Engineering
| Members of the United States Natlonal Academy of Sciences
| Turing Award laureates   | Massachusetts Institute of Technology faculty
| Stanford University alumni   | Jewish American scientists
| 20th-century American engineers   | 21st-century American engineers
| 20th-century American scientists   | 21st-century American scientists
| 20th-century women scientists   | 21st-century women scientists
```

图 4.3　Barbara Liskov 的维基百科分类标签

标签。可是顺着二者分类标签的父标签查看，二者共同的分类标签有计算机科学
家 (Computer Scientists)、研究人员 (Researchers) 等，如图 4.4 所示。因此，对
于每个目标实体，除了提取直接的分类标签外，还需要考虑直接标签父类的分类
标签，这样可以处理相同类型的实体具有相似类别的问题。由于某些目标实体缺
失了分类信息，为了能覆盖所有的类型实体，引入 3 个元实体类型，分别是人物
实体 (person)、设施实体 (facility) 和组织机构实体 (organization)。如果目标实
体缺失了分类信息，则人工手动为其标注这些元实体类型。

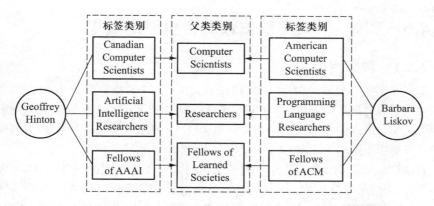

图 4.4　两相似实体没有直接共同的类别，但是共享被标类别父亲类别的标签

同词袋模型一样，采用类别词袋模型为目标实体的类型进行建模。实体 e 的类别特征向量表示为 $\boldsymbol{g}^c(e) = (c_1(e), \cdots, c_N(e))$，这里 N 是所有类别的数量。$c_i(e)$ 被赋值为 1，如果实体具有第 i 个类别，否则为 0。

因此，给定目标实体集 E，每个实体 e 生成两个类别特征向量，分别是基于实体主页的特征向量 $\boldsymbol{g}^p(e)$ 和基于实体类别的特征向量 $\boldsymbol{g}^c(e)$。

4.4.3　引文类别特征

为了捕获引文的先验知识，使用主题模型来建模引文的特征向量。因为，当引文的主题与目标实体的主题相似时，引文与目标实体有极高的重要相关性。建模引文主题的常用方法有词共现技术和 LDA 技术，因此，本章使用此两种技术来建模引文类的主题特征向量。对于词共现技术，采用词袋模型构建引文类别的特征向量。在去除停用词、高频和低频词后，对引文语料库中的每个引文利用 TF-IDF 模式计算引文特征向量中对应词项的权重。对于 LDA 主题模型，利用 JGibbLDA[①]工具包对语料库中的每篇引文计算其主题特征向量。运行 JGibbLDA 时，设置字典的容量为 20 000，主题个数为 500。

因此，给定语料库中的引文集 D，每个引文将产生两个特征向量，分别是 TF-IDF 对应的特征向量 $\boldsymbol{g}^t(d)$ 和基于 LDA 的特征向量 $\boldsymbol{g}^l(d)$。

---

① 采用 Java 实现的 LDA，作用 Gibbs 采样进行快速参数估计和推断。

4.5 实体–引文类别依赖混合模型的效果

4.5.1 数据集

采用 TREC-KBA-2013 和 TREC-KBA-2014 两个数据集来验证实体–引文类别依赖判别混合模型的有效性。TREC-KBA-2013 和 TREC-KBA-2014 数据集是由国际文本检索大会 (TREC) 知识库加速 (KBA) 累积引文推荐 (CCR) 评测提供的公开数据集，数据集详细介绍参见第 2 章，此处不再重复。

TREC-KBA-2013 数据集中，目标实体集共有 141 个实体，其中 98 个人物实体、19 个组织机构和 24 个设施实体，121 个实体源于维基百科，20 个实体源于 Twitter。TREC-KBA-2014 目标实体集由 71 个实体组成，33 个来自维基百科、38 个实体取自流语料库，其中有 48 个人物实体、16 个机构实体和 7 个设施实体。相对于 TREC-KBA-2013 目标实体集，TREC-KBA-2014 目标实体集主要有以下几个变化：① 目标实体是由数据标注人员选择的，而不是由评测的组织者来确定；② 所有目标实体对象生活在西雅图和温哥华之间地区，大多数是长尾实体，而不是流行度高的实体；③ 33 个实体来自维基百科。38 个目标实体缺乏主页，其仅有一个来自流语料库中的网页内容。

TREC-KBA-2013 和 TREC-KBA-2014 数据集的流文本来源于新闻网站 (news)、主流新闻网站 (mainstream news)、社交媒体 (social)、博客网站 (weblog)、bitly 网站短链接 (linking)、学术文档摘要 (arXiv)、分类网站 (classified)、评论 (reviews)、论坛 (forum) 和迷你文 (从 memetracker 网站抽取的来自新闻、博客中的短语)。TREC-KBA-2013 数据集中的文档发表于 2011 年 10 月到 2013 年 2 月，TREC-KBA-2014 数据集的文档发表于 2011 年 10 月到 2013 年 4 月。由于两个数据集中包含的原始文档太大，过滤后，TREC-KBA-2013 的工作集包括 84 214 篇引文，TREC-KBA-2014 工作集包括 303 639 篇引文。对于 TREC-KBA-2013 数据集，发表于 2011 年 10 月至 2012 年 2 月期间的引文作为训练集，发表于 2012 年 3 月到 2013 年 2 月的引文用于测试。但是对于 TREC-KBA-2014 数据集，由于有大部分实体是长尾实体，为了保证每个目标实体有一定的训练数据，每个目标实体都有自己划分训练集与测试集的时间。

根据引文与目标实体之间的相关程度，实体–引文对被标注为 4 个不同的相关类别，相关程度从高到低依次为：重要 (Vital)、有用 (Useful)、中性 (Neutral) 和垃圾 (Garbage)，相关程度的具体定义见表 2.3 和表 2.4。TREC-KBA-2013 和 TREC-KBA-2014 数据集标注的详细统计见表 2.6，TREC-KBA-2013 数据集用于训练的数据有 8 935 篇引文，TREC-KBA-2014 训练集包含 8 420 篇引文。但是对于测试集，TREC-KBA-2014 测试集中的引文远远多于 TREC-KBA-2013 测试集。

4.5.2 任务场景

根据实体–引文相关性分类任务的不同粒度，实体–引文相关性分类分为两个难度不同的任务，分别是 Vital Only 和 Vital + Useful。Vital Only 任务把标注为 Vital 的实体–引文对视作正例样本，标注为其他 3 类的实体–引文对视为负例样本。而 Vital + Useful 任务把标注为 Vital 或 Useful 的实体–引文对作为正例样本，其他两类为负例样本。

4.5.3 比对方法

除了全局比较方法外，通过实现实体–引文类别依赖判别混合模型 (HED-CDMM) 的 12 个变种，来验证实体–引文类别依赖模型的实际效果。这些变种测试使用了不同的实体和引文的特征向量，分别是简单实体–引文类别依赖的判别混合模型、实体类别依赖的方法、引文类别依赖方法和实体–引文类别依赖的方法。

1. 基本方法

全局判别模型 (**GDM**)。在模型学习中，不使用实体与引文的任何类别信息，只使用二者的语义特征和时序特征的全局判别分类模型 (见第 4.3.2 节)，该模型对所有的实体–引文类别学习固定权值的判别分类模型。

简单实体–引文类别依赖的判别混合模型 (**Naïve_CDMM**)。在此模型中，实体和引文的语义特征、时序特征不仅作为混合因子的类别特征，也作为判别分类成分的特征。

2. 实体类别依赖的方法

基于实体主页类别依赖的判别混合模型 (**Profile_ECDMM**)，从实体的主页里抽取实体的类别特征，作为判别混合模型中混合因子的实体类别特征。

基于实体分类标签依赖的判别混合模型 (**Category_ECDMM**)，模型混合因子使用从实体分类标签中抽取的实体类别特征。

组合实体类别依赖的判别混合模型 (**Combine_ECDMM**)，把实体所对应的主页特征向量与分类标签向量组合起来，作为混合因子部分的实体类别特征向量。此方法采用最简单的组合方式，即把两种实体类别特征向量直接拼接起来，作为目标实体的类别特征。

3. 引文类别依赖的方法

基于 TF-IDF 引文类别依赖的判别混合模型 (**TFIDF_DCDMM**)，利用

TF-IDF 模式建模引文的主题特征，作为引文对应的类别特征向量，并把它作为模型混合因子的输入，以此来学习混合因子对应的参数。

基于 LDA 引文类别依赖的判别混合模型 (**LDA_DCDMM**)，模型中混合因子使用基于 LDA 主题模型抽取的引文主题特征，作为引文类别的特征向量。

4. 实体–引文类别依赖的方法

实体主页–引文 TFIDF 类别依赖的判别混合模型 (**Pro2TFIDF_HEDCD-MM**)，首先提取目标实体的主页特征，作为实体的类别特征向量，再从引文中获取引文的 TF-IDF 主题特征，作为引文的类别特征，最后把二者的类别特征向量组合起来，作为模型混合因子部分的特征输入。

实体主页–引文 LDA 类别依赖的判别混合模型 (**Pro2LDA_HEDCDMM**)，组合实体主页类别特征和引文 LDA 主题类别特征作为混合因子的类别特征。

实体分类标签–引文 TFIDF 类别依赖的混合模型 (**Cat2TFIDF_HEDCD-MM**)，首先从实体的分类标签中抽取实体的类别特征向量，接着从引文中利用 TF-IDF 模式获取引文的主题特征，作为引文的类别特征，最后把二者组合起来，输入混合模型的混合因子部分。

实体分类标签–引文 LDA 类别依赖的混合模型 (**Cat2LDA_HEDCDMM**)，把实体的分类标签特征和引文 LDA 主题特征作为混合因子部分的类别特征。

实体主页分类标签–引文 TFID 类别依赖的判别混合模型 (**ProCat2TFIDF_HEDCDMM**)，首先分别从实体的主页和分类标签中抽取实体的类别特征，把二者拼接起来作为实体的整体类别特征。然后从引文中利用 TF-IDF 模式捕获引文的主题特征，作为引文的类别特征。最后把实体的类别特征和引文的类别特征进行组合，作为混合因子部分的特征输入。

实体主页分类标签–引文 LDA 类别依赖的判别混合模型 (**ProCat2LDA_HEDCDMM**)，首先从实体的主页和分类标签中，分别提取实体的主题特征和分类特征，把二者连接起来作为实体的类别特征。接着从引文中利用 LDA 主题模型提出引文的主题特征，作为引文的类别特征。最后把实体的类别特征和引文的类别特征组合起来，作为混合模型中混合因子的特征输入。

5. 其他方法

为了进一步考量提出模型的表现效果，引入 TREC-KBA-2013 评测中取得前两名的方法和 TREC-KBA-2013 评测官方基线方法（Official Baseline），以及 TREC-KBA-2014 评测的官方基线方法。

Official Baseline 2013[116] 是 TREC-KBA-2013 评测官方基线方法。该方法首先生成目标实体的扩展名，扩展名由实体的部分名，以及由专家组合实体的部分名而得到的可信名组成。然后系统从文本语料库中匹配出现目标实体扩展名的引文，把出现了扩展名的所有引文都视为 Vital 类别，同时按照匹配字符串长度给出一个相关性得分。

BIT-MSRA[12] 是在 TREC-KBA-2013 评测中获得第一名的方法。模型首先提取实体与引文的多个语义特征，以及实体的时序特征，然后构建实体无关的随机森林全局分类模型，来检测引文推荐的表现。

UDEL[120] 模型以实体为中心进行查询扩展，获得了 TREC-KBA-2013 评测的第二名。对于给定目标实体，该方法首先从实体主页中检测所有相关实体，然后组合目标实体与相关实体，作为新的查询从文本流语料中检测与排序相关引文。

Official Baseline 2014[10] 是 TREC-KBA-2014 评测官方基线方法。该方法把出现目标实体扩展名的所有引文视为 Vital 类别。与 TREC-KBA-2013 官方基线不同的是，扩展名仅仅由 TREC-KBA 组织者提供的目标实体的规范名组成。

4.5.4　参数选择策略

实体–引文类别依赖判别混合模型中涉及几个超参数，包括实体隐类别的个数、引文隐类别的个数和实体–引文隐类别的个数。测试使用 5 折交叉验证方法来选择最优超参数。对于实体类别依赖的方法，当隐实体类别个数 $HE \in \{2, 3, 4, \cdots, 50\}$ 变化时，选择在训练集中模型 $F1$ 值最高的 HE，然后以此超参数的值作为隐实体类别的个数在整个训练集中学习一个新的模型，作为最终在测试集上使用的分类模型。对于引文类别依赖的方法，采用相同的策略学习得到最后的分类模型，其中隐引文类别 $HD \in \{2, 3, 4, \cdots, 50\}$。对于实体–引文类别依赖的方法，此时实体隐类别的个数 HE 和引文隐类别的个数 HD 同时变化，在由 $HE, HD \in \{2, 3, 4, \cdots, 50\}$ 组成的二维格子上采用 5 折交叉验证选择最优的参数组合 (HE, HD)，然后用最优的 (HE, HD) 组合参数在整个训练集上训练一个新模型，来作为在测试集上使用的最终分类模型。

4.5.5　评价指标

为了评价各模型在整个数据集上的分类效果，采用准确率 (Precision，P)、召回率 (Recall，R) 和调和平均 (F_1) 作为评价指标。所有指标的计算以实体无关的方式进行，即把所有测试的实体–引文实例放在一个测试池中计算所有的分类指标。需要说明的是，低召回率、高准确率的分类模型会返回较少的与目标实体相关的引文，但是会遗漏掉与目标实体重要的相关引文；相反，高召回率、低准确率的分类模型返回较多的与目标实体相关的引文。这在实践中是不可行的，因为知识库中的实体和文本大数据流中文档具有多样性和海量性的特点。因此，模型评价指标主要看调和平均指标 F_1，其他两个指标 P 和 R 作为参考。

4.5.6　结果及分析

所有比较的模型在 TREC-KBA-2013 数据集和 TREC-KBA-2014 数据集上的测试结果分别见表 4.2 和表 4.3。

1. TREC-KBA-2013 的测试结果

除了召回率 R 外，同时考虑了实体分类标签和引文 LDA 主题类别的混合模型 (Cat2LDA_HEDCDMM) 在 Vital Only 任务中实现了最优的结果，这是因为实体的分类标签是由人工编辑者对实体赋予的类别，以及 LDA 模型是建模引文主题类别比较优秀的模型。相比其他方法，官方基准 (Official Baseline) 方法获得了最高的召回率，这是因为官方方法提前为目标实体手动选择扩展名，尽最大可能地检测了最多与目标实体相关的引文。

与没有考虑实体类别或引文类别的全局判别模型相比，所有的混合模型，包括实体类别依赖的方法、引文类别依赖的方法和实体–引文类别依赖的方法，在两个任务中都明确地取得了优秀的表现。这表明融入类别信息的混合模型是一个有效、能提高实体–引文分类性能的有效策略。同全局判别模型 (GDM) 相比，Cat2LDA_HEDCDMM 模型将 F_1 提升了 53%。

简单混合模型 (Naïve_CDMM) 在两个任务中的表现并不稳定。虽然在 Vital + Useful 任务中，Naïve_CDMM 表现优于全局判别模型 (GDM)，但在 Vital only 任务中，GDM 超过了 Naïve_CDMM 模型。这可能是混合模型重复使用了实体–引文的语义特征和时序特征引起的，因为这些特征中没有明确包括实体和引文的类别信息，仅仅是把这些特征作为实体–引文的类别信息来使用。与 Naïve_CDMM 模型相比，所有其他混合模型的测试结果都表现非常优异。这也进一步验证了实体和引文的类别先验知识能够提高实体–引文的分类性能。

表 4.2　TREC-KBA-2013 数据集的测试结果

方法	Vital Only			Vital + Useful		
	P	R	F_1	P	R	F_1
Official Baseline 2013	0.171	**0.942**	0.290	0.540	**0.972**	0.694
BIT-MSRA	0.214	0.790	0.337	0.589	0.974	0.734
UDEL	0.169	0.806	0.280	0.573	0.893	0.698

方法	Vital Only			Vital + Useful		
	P	R	F_1	P	R	F_1
GDM	0.218	0.507	0.304	0.604	0.913	0.727
Naïve_CDMM	0.223	0.400	0.286	0.627	0.912	0.744
Profile_ECDMM	0.332	0.376	0.353	0.669	0.866	0.755
Category_ECDMM	0.316	0.422	0.362	0.672	0.894	0.767
Combine_ECDMM	0.397	0.418	0.407	0.703	0.877	0.780
TFIDF_DCDMM	0.313	0.379	0.343	0.712	0.839	0.769
LDA_DCDMM	0.396	0.341	0.366	0.734	0.828	0.778
Pro2TFIDF_HEDCDMM	0.420	0.497	0.455	0.719	0.813	0.763
Pro2LDA_HEDCDMM	0.403	0.507	0.449	0.730	0.878	**0.797**
Cat2TFIDF_HEDCDMM	0.397	0.506	0.445	0.698	0.849	0.766
Cat2LDA_HEDCDMM	**0.425**	0.517	**0.466**	0.741	0.839	0.787
ProCat2TFIDF_HEDCDMM	0.353	0.588	0.441	0.705	0.845	0.773
ProCat2LDA_HEDCDMM	0.370	0.571	0.449	**0.756**	0.802	0.779

从表 4.2 中可以看出，实体主页依赖的判别混合模型 (Profile_ECDMM) 与实体分类标签依赖的判别混合模型 (Category_ECDMM) 的性能远远超出了简单混合模型 (Naïve_CDMM)，这表明实体主页和实体分类标签能有效地建模实体的类别信息。而且实体的分类标签相对于实体的主页更有效，主要是因为实体的分类标签由人工志愿编辑者进行维护，更能体现实体的真正类别。即使是最简单把实体主页与分类标签进行组合的 Combine_ECDMM 模型，其性能也超越了实体主页类别依赖的方法 (profile_ECDMM) 和实体分类标签依赖的方法 (Category_ECDMM)。与简单混合模型相比 (Naïve_CDMM)，Combine_ECDMM 模型把 F_1 值提高了 12%。

此外，从表 4.2 中也能看出，引文 TFIDF 类别依赖的混合模型 (TFIDF_DCDMM) 和引文 LDA 类别依赖的混合模型 (LDA_DCDMM) 性能高于全局判别模型 (GDM)，表明引文的主题是建模引文类别的有效方法。LDA_DCDMM 模型在两个任务中，表现均优于 TFIDF_DCDMM 模型，说明相对于 TF-IDF 的词袋模型，引文 LDA 的主题模型在建模引文类别方面更加准确。与全局判别模型 (GDM) 相比较，LDA_DCDMM 模型和 TFIDF_DCDMM 模型把 F_1 分别提高了 20% 和 13%。

仔细研究表 4.2 中的测试结果可以发现，相对于实体类别依赖的混合模型

(Profile_ECDMM,Category_ECDMM,Combine_ECDMM) 和引文类别依赖的混合模型 (TFIDF_DCDMM,LDA_DCDMM)，实体–引文类别依赖的 6 种混合模型在 Vital Only 任务中表现优秀。表明实体类别和引文类别的组合能够更有效地建模实体–引文对的类别，更能有效地提高实体–引文相关性分类的性能。

2. TREC-KBA-2014 的测试结果

从表 4.3 中可以发现，除了官方的基线方法 (Official Baseline 2014)，所有比较的方法在 Vital + Useful 任务中的实体结果相差不是很大。事实上，重要 (Vital) 引文的过滤是 2014 年知识库加速——累积引文推荐 (TREC-KBA-CCR) 评测的任务，因此在此数据集上，主要关注 Vital only 任务各模型的测试结果比较。

表 4.3　TREC-KBA-2014 数据集的测试结果

方法	Vital Only			Vital + Useful		
	P	R	F_1	P	R	F_1
Offical Baseline 2014	0.078	**0.989**	0.145	0.406	0.993	0.578
GDM	0.137	0.864	0.236	0.651	0.949	0.772
Naïve_CDMM	0.159	0.665	0.258	0.656	0.954	0.777
Profile_ECDMM	0.238	0.577	0.338	0.657	0.968	0.783
Category_ECDMM	0.219	0.727	0.338	**0.659**	0.983	**0.789**
Combine_ECDMM	0.255	0.633	0.364	0.658	0.969	0.784
TFIDF_DCDMM	**0.413**	0.297	0.346	0.653	0.990	0.787
LDA_DCDMM	0.324	0.425	0.367	0.652	0.991	0.787
Pro2TFIDF_HEDCDMM	0.295	0.488	0.368	0.651	0.965	0.778
Pro2LDA_HEDCDMM	0.271	0.601	0.374	0.651	0.962	0.776
Cat2TFIDF_HEDCDMM	0.359	0.402	0.379	0.650	0.959	0.775
Cat2LDA_HEDCDMM	0.279	0.642	0.389	0.653	0.964	0.778
ProCat2TFIDF_HEDCDMM	0.344	0.460	0.393	0.651	0.965	0.778
ProCat2LDA_HEDCDMM	0.321	0.528	**0.399**	0.651	0.955	0.774

从整体看，实体主页、分类标签–引文 LDA 类别依赖的判别混合模型 (Pro-Cat2LDA_HEDCDMM) 的调和平均指标 F_1 获得最高得分，引文 TFIDF 类别依赖的混合模型 (TFIDF_DCDMM) 取得最好的精确率 (P)，官方基线获得最好的召回率 (R)。与 TREC-KBA-2013 官方基线利用手工挑选的目标实体扩展名不同，TREC-KBA-2014 官方基线仅仅使用目标实体的规范名作为扩展名来查询尽可能

多的相关引文，已经证明此方法在 TREC-KBA-2014 数据集上取得 98.9% 的召回率[10]。

　　同没有使用任何实体或引文类别先验信息的全局判别模型 (GDM) 相比，实体类别依赖的混合模型 (Profile_ECDMM、Category_ECDMM、Combine_ECDMM)、引文类别依赖的混合模型 (TFIDF_DCDMM、LDA_DCDMM)，以及实体–引文类别依赖的混合模型 (Pro2TFIDF_HEDCDMM、Pro2LDA_HEDCDMM、Cat2TFIDF_HEDCDMM、Cat2LDA_HEDCDMM、ProCat2-TFIDF_HEDCDMM、ProCat2LDA_HEDCDMM) 取得了优秀的分类性能。与 TREC-KBA-2013 数据集实验结果相似，揭示实体或引文类别依赖的判别混合模型是一个有效的策略，能够提高实体–引文相关性分类的性能。与 GDM 相比，ProCat2LDA_HEDCDMM 模型将 F_1 提高了近 69%。

　　简单混合模型 (Naïve_CDMM) 的实验结果表现一般，从调和平均 F_1 指标角度看，稍稍好于全局判别分类模型 (GDM)。与 Naïve_CDMM 相比较，所有混合模型变种的实验结果都高于 Naïve_CDMM 的结果。这表明实体和引文类别的先验知识能够有效提高实体–引文相关性分类的性能。

　　实体主页类别依赖的混合模型 (Profile_ECDMM) 和实体分类标签依赖的混合模型 (Category_ECDMM) 的调和平均 F_1 得分远远超过简单混合模型 (Naïve_ECDMM) 的 F_1 得分，说明实体主页特征和实体的分类标签能够有效捕获实体类别的先验知识。但是，Profile_ECDMM 模型与 Category_ECDMM 模型取得相同的 F_1 得分，这可能是由于 TREC-KBA-2014 数据集中的大量实体缺乏 Wikipedia 主页，同时也没有目标实体分类标签的类别信息导致的。相对于 Naïve_ECDMM 模型，直接拼接两种实体类别信息的混合模型 (Combine_ECDMM) 把 F_1 值提高了 41%。

　　另外，引文 TFIDF 类别依赖的混合模型 (TFIDF_DCDMM) 和引文 LDA 类别依赖的混合模型 (LDA_DCDMM) 大大超过 Naïve_CDMM 的 F_1 得分，提示引文的主题特征能够有效地建模引文的隐类别信息。LDA_DCDMM 模型表现好于 TFIDF_DCDMM 模型，说明在建模引文主题方面，LDA 模型能更有效地捕获引文的主题特征。与 Naïve_CDMM 模型相比，TFIDF_DCDMM 模型和 LDA_DCDMM 模型分别将 F_1 得分提高到 34.6% 和 36.7%。

　　与实体类别依赖的混合模型 (Profile_ECDMM、Category_ECDMM、Combine_ECDMM) 和引文类别依赖的混合模型 (TFIDF_DCDMM、LDA_DCDMM) 相比，6 个实体–引文类别依赖判别混合模型的变种，在 Vital Only 任务中，都取得较好 F_1 值。与简单混合模型 (Naïve_CDMM) 相比，Pro2TFIDF_HEDCDMM 模型将 F_1 提高了 43%。

3. 结论

在两个任务场景下，所有混合模型的变种，包括实体类别依赖的混合模型、引文类别依赖的混合模型和实体–引文类别依赖的混合模型，在 TREC-KBA-2013 和 TREC-KBA-2014 数据集上，都超越了全局判别模型 (GDM) 的 F_1 值。这证实了研究的动机：① 在混合模型中，引入隐实体类别、隐引文类别和隐实体–引文类别信息能够提高实体–引文相关性分类模型的性能；② 实体类别特征和引文类别特征能够捕获实体和引文的类别先验信息；③ 实体类别与引文类别相互独立的组合策略能够进一步提高实体–引文相关性分类性能。

4.5.7 判别混合模型的泛化能力

评估混合模型的泛化能力，用以处理目标实体未出现在训练集中的引文分类性能，即目标实体缺乏训练数据的情况下，模型处理引文分类的性能。一个好的模型不仅能够处理训练集中出现的目标实体，还需要处理未知的实体。TREC-KBA-2013 标注数据集中，提供了训练集中没有标注数据的目标实体，称这些实体被称为未知实体。表 4.4 列出了 10 个未出现在训练集中的目标实体的标注数据。

表 4.4 未知实体标注数据统计情况

实体	实体来源	vital	useful	neutral/garbage	合计
The Ritz Apartment (Ocala,Florida)	Wiki	4	1	5	10
Keri Hehn	Wiki	3	0	0	3
Chiara Nappi	Wiki	2	3	55	60
Chuck Pankow	Wiki	7	0	10	17
John H. Lang	Wiki	2	0	1	3
Joshua Boschee	Wiki	191	23	5	219
MissMarcel	Twitter	52	13	3	68
evvnt	Twitter	1	3	40	44
GandBcoffee	Twitter	0	2	2	4
BartowMcDonald	Twitter	1	18	9	28

由于未知实体在测试集上标注为重要 (vital) 或有用 (useful) 的引文数据非常稀疏，因此采用准确率 (P)、召回率 (R) 和调和平均 F_1 来评价模型的泛化能力会导致出现 0 的情况，采用宏平均精确度 (accuracy) 作为模型的泛化能力指标。各

种比较模型在 TREC-KBA-2013 数据集上关于 10 个未知实体的宏平均精确度结果汇总见表 4.5。

表 4.5　所有比对方法的宏平均精确度结果

方法	accu@(Vital Only)	accu@(Vital + Useful)
Official Baseline	0.175	0.532
BIT-MSRA	0.445	0.614
UDEL	0.259	0.579
GDM	0.552	0.565
Naïve_CDMM	0.587	0.608
Profile_ECDMM	0.623	0.647
Category_ECDMM	0.565	0.431
Combine_ECDMM	0.580	0.582
TFIDF_DCDMM	0.615	**0.719**
LDA_DCDMM	0.688	0.595
Pro2TFIDF_HEDCDMM	0.506	0.601
Pro2LDA_HEDCDMM	0.517	0.628
Cat2TFIDF_HEDCDMM	0.681	0.558
Cat2LDA_HEDCDMM	**0.697**	0.577
ProCat2TFIDF_HEDCDMM	0.657	0.547
ProCat2LDA_HEDCDMM	0.642	0.609

在 Vital Only 任务场景中,实体分类标签–引文 LDA 类别依赖的判别混合模型 (Cat2LDA_HEDCDMM) 取得最好的宏平均精确度 (泛化能力),引文 LDA 类别依赖的判别混合模型 (LDA_DCDMM) 获得了次好的泛化能力,说明引文的 LDA 主题模型能够有效地捕获引文隐含类别的特征向量。虽然实体分类标签能够很好地建模实体的隐含类别,但是实体分类标签依赖的判别混合模型 (Category_ECDMM) 在未知实体集上的结果并不是很理想。特别地,Category_ECDMM 模型在 Vital+Useful 任务场景中表现得更不好,导致 Cat2TFIDF_HEDCDMM 和 Cat2LDA_HEDCDMM 模型的泛化能力分别低于 TFIDF_DCDMM 和 LDA_DCDMM 模型。对于这个测试结果,可能的解释是学习到的模型没有包含未知目标实体的隐含类别信息,特别是对于来自 Twitter 的目标实体,几乎没有什么类别信息可以供模型学习。

在 Vital Only 任务场景中，与全局判别模型 (GDM) 和其他 3 个参考模型 (Official Baseline、BIT-MSRA、UDEL) 相比，所有其他融入实体或引文类别信息的混合模型都取得了好的泛化能力。这个结果证明了融入类别信息的混合模型具有灵活性，混合模型不仅能很好地学习训练集中出现过的实体，而且也能处理未知实体。这对于实体–引文相关性分类模型是至关重要的，因为相对于实体和引文的多样性和数量，现实中具有训练集中的数据是非常稀疏的，处理未知实体是常态。

4.6　本章小结

实体–引文相关性分类任务的目的是从网络文本大数据流中过滤并发现目标实体重要或有用的相关引文。相对于百科知识库中目标实体的多样性和数量，以及网络文本大数据的多样性和数量，人工标注的实体–引文数据非常稀疏。本章首先把实体和引文的类别信息与实体–引文的语义、时序信息区别开来，然后利用判别混合模型把两类信息联系起来，最后提出实体–引文类别依赖的判别混合模型，以及该模型的两个特例：实体类别依赖的判别混合模型和引文类别依赖的判别混合模型。在两个公开数据集以及两个任务场景的组合下，开展了大量的比对实验。从各种比对模型的测试结果可以看出，混合模型能够有效地解决实体–引文相关性分类任务，同时能够应对未知实体的引文分类任务，具有很好的泛化能力。

实体–引文的相关性程度从高到低依次为重要 (Vital)、有用 (Useful)、中性 (Neutral) 和垃圾 (Garbage)。由于把实体–引文相关性分析的任务建模为分类任务，根据分类任务的粒度，又把分类任务分为两个任务场景。但是，按照此种分类配置，蕴含在实体–引文对之间的排序信息没有在模型中充分地学习。因此，如果能把实体–引文对之间的分类和排序信息融合起来，也许能够更好地解决实体–引文的相关性分析任务。

[评注]

本章的内容来自作者的 2 篇文章，分别发表在《Tsinghua Science and Technology》和《IEEE Transactions on Knowledge and Data Engineering》期刊[140, 141]。该方法充分挖掘了实体和引文的类别特征，以及实体–引文的相关性特征，使用混合判别模型对实体–引文进行相关性分析。接着利用该模型在两个公开大规模实验数据集是进行测试，实验结果表明了模型的有效性。因此，实体–引文类别依赖的混合判别模型为知识库引文推荐提供了很好的方法。

第 5 章　融入偏好信息的分类模型

　　实体–引文相关性分类任务直接把实体–引文对数据分为正例或负例，忽略了实体–引文对之间有序的相关程度 (重要/Vital > 有用/Useful > 中性/Neutral > 垃圾/Garbage)。仔细研究发现，如同有导师学习模型 SVM+ 一样，这些有序的信息在训练阶段能指导分类模型学习到更好的模型。因此，如何在分类学习过程中融入排序信息，是值得探究的问题。本章首先提出融入偏好信息的分类模型，同时考虑蕴含在数据中的分类和排序信息；接着给出二阶段的启发式抽样算法，来抽取有效的偏好样本，并提出该模型优化目标的求解方法；最后在 8 个数据集，包括 TREC-KBA-2012 数据集上验证模型对分类问题的有效性。

5.1　引言

　　在数据挖掘、机器学习和模式识别的广泛应用中，分类是一个核心任务。现有分类方法中，支持向量机 (Support Vector Machine, SVM) 是最流行、最成功的方法之一。但是，在目标分类问题复杂的情况下，例如训练数据在数量或质量不是很满意时，SVM 分类器往往会失效。

　　为了克服这些问题，2009 年 Vapnik[142] 提出了使用特权信息（Privileged Information，PI）的 SVM+ 算法。后来，一些研究工作继续推进 SVM+ 算法，在图像的对象分类[143-145] 方面取得良好的实验结果。这些研究工作中，特权信息包括图像的描述特征、边界轮廓、标签、面部动作单元以及联合位置，用来提供对训练实例的详细解释信息，提高分类模型的性能。显然，这需要另外大量额外的工作，才能获得这些特权信息。需要说明的是，这些特权信息只在训练的时候为样本提供解释，而在测试时候不需要这些特权信息。因此，测试集与训练集不在同一特征空间，因为训练集中增加了不同的特权信息。

　　对于人类，相似对象的差异性是认识学习不同对象的重要因素。例如，狗"汪汪"与猫"咪咪"叫的不同特征，对小孩辨别这两种动物是非常有帮助的。对于真实数据，即使是来自同一类别的两个不同样本，它们在某些方面也是不同的，例如属于类别的可信度或显然性。随着实例数据的逐渐积累，出现了大量同类样本之间的精细化差异信息，利用这些精细化差异信息，将有助于提高分类模型的分类性能。

一个新的分类模型被称为偏好增强的支持向量机 (Preference-enhanced Support Vector Machine，PSVM)，是把同类训练实例的差异信息融入支持向量机 (SVM) 中，并称这种同类训练实例的差异信息为偏好数据对。具体来说，通过仔细研究样本数据的特征，从训练数据中抽取偏好数据对。这非常适合训练集中同类实例之间有序情况 (如偏序或排序) 的分类任务。例如，在知识库加速–累积引言推荐 (the Knowledge Base Acceleration-Cumulative Citation Recommendation,KBA-CCR) 任务中，训练集中的实体–引文对有 4 种不同的相关程度，分别是重要 (Central)、相关 (Relevant)、中性 (Neutral) 和垃圾 (Garbage)。此时，对于目标实体 e，不同相关程度的引文就可非常容易地构建偏好数据对。另外，针对目标实体 e，出现在早期的引文比出现在后期的引文更相关。因此，可以根据引文出现的先后时间构建偏好数据对。

为了求解 PSVM 模型的优化目标函数，设计一个自适应的序列最小化优化 (Sequential Minimal Optimization，SMO) 算法，每次迭代优化一个或两个变量来求目标函数的解。该方法是经典 SMO 算法的扩展，因为经典的 SMO 每次迭代优化两个变量。

由于构建大量的偏好数据对需要额外的劳力和资源，实践中，为了权衡模型的准确率与所花费的代价，不需要构建大量的偏好数据。另外，融入大量约束条件到 PSVM 模型中，将大大增加模型计算的复杂度。为了解决这个问题，提出了两层启发式采样方法，从训练数据中选择有效的偏好数据对。

为了检验 PSVM 模型的有效性，首先在国际文本检索大会提供的知识库加速–累积引文推荐 (Knowledge Base Acceleration - Cumulative Citation Recommendation，KBA-CCR) 评测任务的 2012 年数据集 (TREC-KBA-2012) 上，做了大量的比对实体，验证 PSVM 的实际表现。同时，又使用 7 个来自 UCI、StatLib 和 mldata.org 的公开数据集，进一步验证 PSVM 模型的表现。实验结果表明 PSVM 模型超过了经典分类模型，包括 SVM、RankingSVM 和 SVM+。

综上所述，融入偏好信息的分类模型主要包括以下工作：

① 提出了融入偏好信息的增强支持向量机模型 PSVM。

② 给出 PSVM 模型优化问题的对偶问题，并提出自适应的 SMO 算法来求解对偶问题。

③ 提出一个两层启发式采样算法，从训练数据中抽取有效的偏好数据对。偏好数据对与训练数据来自相同的特征空间。

④ 利用 8 个公开数据集验证了 PSVM 的有效性。实验表明，PSVM 超过了其他经典分类模型包括 SVM、RankSVM 和 SVM+ 的实验结果。

5.2 扩展 SVMs 和选择抽样

偏好增强的支持向量机 (PSVM) 主要同使用特权信息 (PI) 的 SVM 和进行选择抽样工作，前者为融入偏好信息的分类工作提供算法框架，后者保障了 PSVM 的有效工作。

5.2.1 扩展的 SVMs

在分类与回归任务中，科研人员对支持向量机 (SVM) 开展了各种各样的大量研究。例如在数据挖掘和模式识别的工作中[146-150]，SVM 取得了满意的结果。经典的 SVM 不考虑导师的作用，Vapnik[142] 于 2009 年提出用导师学习的方法，也称为使用隐信息学习 (Learning Using Hidden Information)。其后出现与此方法类似的代表工作[144, 145]，使用特权信息 (PI) 来提高分类性能，而且 Izmailov 等人[151] 给出了使用特权信息学习模型的算法实现，使得利用特权信息的学习模型获得了广泛应用。

排序支持向量机 (RankingSVM) 是第一个成功应用在学习排序中的方法，从 2000 年后被大量地研究[152-155]。RankingSVM 使用有序数据构建不同排序数据之间的差向量，然后用这些差向量作为支持向量机的训练数据。Sharmanska 等人[143] 于 2013 年提出序转移模型，用特权信息来学习排序。该模型首先用特权信息训练一个普通的 RankSVM 分类器，然后把特权信息的排序结果转移到另一个在训练集上分类器 RankingSVR 上。

上面讨论的特权信息学习模型假定，特权信息的特征与训练集和测试集使用的特征不同，因为特权信息是对训练数据的解释、评论或描述。与这些模型相比，PSVM 关注同类训练数据中相似对象之间的偏好信息，偏好信息直接由训练数据来确定，即偏好信息的特征空间与训练集和测试集的特征空间属于同一空间。最后，PSVM 把偏好信息融入 SVM 中，构建融入排序和分类信息的优化目标。

5.2.2 选择抽样

选择抽样又称为主动学习，在机器学习领域被广泛地研究，用来选择最有信息量的实例来进行标注。SVM 选择抽样技术获得了长足发展，且被证明是非常有效的方法，能够用少量的训练实例获得高的准确率[156-158]。对于学习排序模型，也有许多研究选择抽样的工作[159-162]，来选择对于学习排序最有信息量的样本，从而减少训练学习排序模型所需要的样本数量。另外，针对 RankingSVM 模型的数据选择技术也被深入地进行了研究，用来减少该模型所需训练数据规模。Lin 等人[163]2013 年提出"裁剪"的 RankingSVM 模型，在训练模型之前，根据序距离最近方法，选择最有效的数据对作为训练数据。

PSVM 所使用的抽样方法与上述的抽样技术有两方面的不同。一是对于训练数据集，抽样能抽到代表数据集多样性的样本；二是与主动学习在每次迭代时需要学习一个函数不同，根据偏好数据对之间的最大距离选择最有效的偏好数据对，以此减少 PSVM 模型约束条件的规模。

5.3　偏好增强的支持向量机

偏好增强的支持向量机 (PSVM) 模型，包括 PSVM 的原问题、对偶问题、对偶问题的最优条件，以及自适应的最小序列优化迭代算法。

5.3.1　原问题与对偶问题

假定 $D = \{(x_1, y_1), (x_2, y_2), \cdots, (x_l, y_l)\}$ 是 1 个二分类问题的训练数据集，$x_i \in R^d$，d 是输入特征空间的维数，$y_i \in \{1, -1\}, i = 1, \cdots, l$。$P = \{(x_j^{(1)} - x_j^{(2)}, +1) | x_j^{(1)} \succ x_j^{(2)}\}_{j=1}^n$ 是 n 个偏好数据对的差异信息集，$x_j^{(1)}$ 与 $x_j^{(2)}$ 取自同类训练数据。

PSVM 的建模过程：首先增加偏好数据对的差异信息 P 到 SVM 模型中，作为 SVM 模型的约束条件。此处，差异信息构成的约束条件与 RankingSVM 模型的约束条件一模一样。其次，把增加的约束损失项集成到 SVM 损失函数中。由此，PSVM 模型表示为：

$$\min_{\boldsymbol{w}, b, \boldsymbol{\xi}, \boldsymbol{\xi}^*} \frac{1}{2} \|\boldsymbol{w}\|^2 + C \sum_{i=1}^l \xi_i + C' \sum_{j=1}^n \xi_j^*$$

使得，

$$\begin{aligned}
&y_i(\langle \boldsymbol{w} \cdot \phi(x_i) \rangle + b) \geqslant 1 - \xi_i, \\
&\xi_i \geqslant 0, i = 1, \cdots, l, \\
&\langle \boldsymbol{w} \cdot \phi(x_j^{(1)} - x_j^{(2)}) \rangle \geqslant 1 - \xi_j^*, \\
&\xi_j^* \geqslant 0, j = 1, \cdots, n
\end{aligned} \tag{5.1}$$

在式 (5.1) 中，$C' > 0$ 是增加的参数，用来调节偏好数据对约束的重要性。

PSVM 模型原问题式 (5.1) 的对偶问题，可以使用标准的拉格朗日 (Lagrangian) 方法推导出来。令 $\alpha_i \geqslant 0, \gamma_i \geqslant 0, \alpha_j \geqslant 0$，以及 $\eta_j \geqslant 0$ 分别为优化问题

式 (5.1) 中不等式所对应的拉格朗日乘子。则 PSVM 模型的对偶问题能够简洁地表示为下列优化问题：

$$\min_{\boldsymbol{\alpha}} \frac{1}{2}\boldsymbol{\alpha}^{\mathrm{T}}\boldsymbol{Q}\boldsymbol{\alpha} - e^{\mathrm{T}}\boldsymbol{\alpha}$$

使得，

$$
\begin{aligned}
& 0 \leqslant \alpha_i \leqslant C, && i = 1, 2, \cdots, l, \\
& 0 \leqslant \alpha_i \leqslant C', && i = l+1, \cdots, l+n, \\
& \sum_{i=1}^{l} \alpha_i y_i = 0
\end{aligned}
\tag{5.2}
$$

上述优化问题中，e 是一个列向量，其元素全为 1。$\boldsymbol{Q}$ 是一个 $(l+n) \times (l+n)$ 正半定矩阵，其元素 Q_{ij} 的定义为：

$$
Q_{ij} = \begin{cases}
y_i y_j K(\boldsymbol{x}_i, \boldsymbol{x}_j), & \text{如果 } i \leqslant l, j \leqslant l; \\
y_i K(\boldsymbol{x}_i, \boldsymbol{x}_j^{(1)} - \boldsymbol{x}_j^{(2)}), & \text{如果 } i \leqslant l, l < j \leqslant l+n; \\
y_j K(\boldsymbol{x}_i^{(1)} - \boldsymbol{x}_i^{(2)}, \boldsymbol{x}_j), & \text{如果 } l < i \leqslant l+n, j \leqslant l; \\
K(\boldsymbol{x}_i^{(1)} - \boldsymbol{x}_i^{(2)}, \boldsymbol{x}_j^{(1)} - \boldsymbol{x}_j^{(2)}), & \text{如果 } l < j(i) \leqslant l+n。
\end{cases}
$$

其中，$K(x_i, x_j) \equiv \phi(x_i)^{\mathrm{T}}\phi(x_j)$ 是核函数，$\boldsymbol{\alpha} = (\alpha_1, \cdots, \alpha_l, \alpha_{l+1}, \cdots, \alpha_{l+n})^{\mathrm{T}}$。

为了求解对偶问题式 (5.2)，需要计算核函数的复杂度为 $O((l+n)^2)$，n 为偏好数据对的个数。因此，减少偏好数据对的规模，能够大大减少计算的代价。显然，对偶问题式 (5.2) 是一个凸二次规划问题。通过求解这个凸二次规划，获得 $\boldsymbol{\alpha}$ 后，对于新来的样本特征向量 $\boldsymbol{x}$，可以通过下列决策函数对其进行分类：

$$
\begin{aligned}
\mathrm{sgn}(\boldsymbol{w}^{\mathrm{T}}\phi(\boldsymbol{x}) + b) = \mathrm{sgn}\bigg(& \sum_{i=1}^{l} y_i \alpha_i K(x_i, \boldsymbol{x}) + b \\
& + \sum_{j=1}^{n} \alpha_j^* K(x_j^{(1)} - x_j^{(2)}, \boldsymbol{x}) \bigg)
\end{aligned}
\tag{5.3}
$$

参数 b 的确定将在第 5.3.2 节给出。根据表达定理[164]，PSVM 决策函数式 (5.3) 是 SVM 项和偏好数据对项的线性组合。

5.3.2 对偶问题的最优条件

为了推导对偶问题式 (5.2) 算法的停止条件和阈值 b，最重要的是定义对偶问题式 (5.2) 的最优条件。令 $f(\boldsymbol{\alpha}) = \frac{1}{2}\boldsymbol{\alpha}^{\mathrm{T}}\boldsymbol{Q}\boldsymbol{\alpha} - e^{\mathrm{T}}\boldsymbol{\alpha}$ 是相应 $\boldsymbol{\alpha}$ 的一个函数。对偶

问题式 (5.2) 的拉格朗日函数表示为:

$$
\begin{aligned}
L_d =& f(\boldsymbol{\alpha}) + b\sum_{i=1}^{l}\alpha_i y_i - \sum_{i=1}^{l+n}\lambda_i\alpha_i \\
& - \sum_{i=1}^{l}\xi_i(C-\alpha_i) - \sum_{i=l+1}^{l+n}\eta_i(C'-\alpha_i)
\end{aligned}
\tag{5.4}
$$

此时, 拉格朗日乘子 λ_i、ξ_i 和 η_i 是非负实数, b 取任何值。关于 $\boldsymbol{\alpha}$ 的 KKT 条件定义如下:

$$
\begin{aligned}
& \frac{\partial L_d}{\partial \alpha_i} = \bigtriangledown_i f(\boldsymbol{\alpha}) + by_i - \lambda_i + \xi_i = 0, \\
& \lambda_i\alpha_i = 0, \quad \xi_i(C-\alpha_i) = 0, \quad i = 1,\cdots,l
\end{aligned}
\tag{5.5}
$$

$$
\begin{aligned}
& \frac{\partial L_d}{\partial \alpha_i} = \bigtriangledown_i f(\boldsymbol{\alpha}) - \lambda_i + \eta_i = 0, \\
& \lambda_i\alpha_i = 0, \quad \eta_i(C'-\alpha_i) = 0, \quad i = l+1,\cdots,l+n
\end{aligned}
\tag{5.6}
$$

式 (5.5)、式 (5.6) 中, $\bigtriangledown f(\boldsymbol{\alpha}) \equiv \boldsymbol{Q\alpha} - \boldsymbol{e}$ 是函数 $f(\boldsymbol{\alpha})$ 的梯度, $\bigtriangledown_i f(\boldsymbol{\alpha}) = [\boldsymbol{Q\alpha} - \boldsymbol{e}]_i$ 是 $f(\boldsymbol{\alpha})$ 针对 α_i 的偏导数, $[\boldsymbol{Q\alpha} - \boldsymbol{e}]_i$ 表示 $\boldsymbol{Q\alpha} - \boldsymbol{e}$ 的第 i 的元素。则条件式 (5.5) 可以重写为:

$$
\bigtriangledown_i f(\boldsymbol{\alpha}) + by_i = \begin{cases} -\xi_i \leqslant 0, & \text{当} \quad \alpha_i > 0, \\ \lambda_i \geqslant 0, & \text{当} \quad \alpha_i < C。 \end{cases}
\tag{5.7}
$$

式 (5.7) 中, i 从 1 到 l。由于 $y_i = \pm1$, 所以条件式 (5.7) 等价于存在 b, 使得,

$$
m^c(\boldsymbol{\alpha}) \leqslant b \leqslant M^c(\boldsymbol{\alpha})
\tag{5.8}
$$

其中,

$$
m^c(\boldsymbol{\alpha}) \equiv \max_{i \in I_{\mathrm{up}}^c(\boldsymbol{\alpha})} \{-y_i \bigtriangledown_i f(\boldsymbol{\alpha})\}
$$

$$
M^c(\boldsymbol{\alpha}) \equiv \min_{i \in I_{\mathrm{low}}^c(\boldsymbol{\alpha})} \{-y_i \bigtriangledown_i f(\boldsymbol{\alpha})\}
$$

$$
I_{\mathrm{up}}^c(\boldsymbol{\alpha}) \equiv \big\{i | (y_i = +1, \alpha_i < C) \text{ 或} (y_i = -1, \alpha_i > 0); i = 1,\cdots,l\big\}
$$

和

$$
I_{\mathrm{low}}^c(\boldsymbol{\alpha}) \equiv \big\{i | (y_i = +1, \alpha_i > 0) \text{ 或} (y_i = -1, \alpha_i < C); i = 1,\cdots,l\big\}
$$

条件式 (5.6) 重写为：

$$\nabla_i f(\boldsymbol{\alpha}) = \begin{cases} -\eta_i \leqslant 0, & \text{当} \quad \alpha_i > 0, \\ \lambda_i \geqslant 0, & \text{当} \quad \alpha_i < C'。 \end{cases} \tag{5.9}$$

此处，$i = l+1, \cdots, l+n$。条件式 (5.9) 等价于下列不等式，

$$m^r(\boldsymbol{\alpha}) \leqslant 0 \text{ 且 } M^r(\boldsymbol{\alpha}) \geqslant 0 \tag{5.10}$$

此处，

$$m^r(\boldsymbol{\alpha}) \equiv \max_{i \in I^r_{\text{up}}(\boldsymbol{\alpha})} \{\nabla_i f(\boldsymbol{\alpha})\}, M^r(\boldsymbol{\alpha}) \equiv \min_{i \in I^r_{\text{low}}(\boldsymbol{\alpha})} \{\nabla_i f(\boldsymbol{\alpha})\}$$

$$I^r_{\text{up}}(\boldsymbol{\alpha}) \equiv \{i | \alpha_i > 0, i = l+1, \cdots, l+n\}$$

$$I^r_{\text{low}}(\boldsymbol{\alpha}) \equiv \{i | \alpha_i < C', i = l+1, \cdots, l+n\}$$

问题式 (5.2) 的稳定点是 $\boldsymbol{\alpha}$ 可行解当且仅当，

$$m^c(\boldsymbol{\alpha}) \leqslant M^c(\boldsymbol{\alpha}), m^r(\boldsymbol{\alpha}) \leqslant 0 \text{ 和 } M^r(\boldsymbol{\alpha}) \geqslant 0. \tag{5.11}$$

根据式 (5.11)，能够获得对偶问题的停止条件为：

$$m^c(\boldsymbol{\alpha}) - M^c(\boldsymbol{\alpha}) \leqslant \epsilon, m^r(\boldsymbol{\alpha}) \leqslant \frac{1}{2}\epsilon \text{ 和 } M^r(\boldsymbol{\alpha}) \geqslant -\frac{1}{2}\epsilon. \tag{5.12}$$

式 (5.12) 中，ϵ 是容忍参数，通常取 0.0001。如果存在一个 α_i，使得 $0 < \alpha_i < C$，$i \in \{1, \cdots, l\}$，则根据 KKT 条件式 (5.7)，得出 $b = -y_i \nabla_i f(\boldsymbol{\alpha})$。

5.3.3　扩展的 SMO 算法

John P[165] 1999 年首先引入针对 SVM 的求解算法 SMO，2005 年 Fan 等人[166] 又对其进行了扩展。SMO 算法首先初始化一个有效点，然后迭代求解子优化问题直到收敛。其中子优化问题的构造包括两个步骤，第一步利用二阶信息构造两个变量的工作集，第二步优化具有分析解的两个变量的子问题。从对偶问题式 (5.2) 中看出，该问题有两种类型的约束：一类是线性方程和箱式约束，另一类是偏好信息对应的约束。因此，需要同时考虑这两种类型的约束。与 Fan 提出每次选择两个变量工作集方法不同[166]，PSVM 选择的工作集包含 2 个或 1 个变量，分别对应第一种或第二种类型的约束条件。因此，子优化问题包含 2 个或 1 个变量，同样子问题也具有分析解。下面给出 PSVM 工作集选择算法和对应的子问题。

算法 3　PSVM 工作集选择算法

1. 对于 $t, s \in \{1, 2, \cdots, l\}$, 定义

$$
\begin{aligned}
a_{ts} &\equiv K_{tt} + K_{ss} - 2K_{ts}\,\text{①}, \\
b_{ts} &\equiv -y_t \bigtriangledown_t f(\boldsymbol{\alpha}^k) + y_s \bigtriangledown_s f(\boldsymbol{\alpha}^k) > 0,
\end{aligned}
\tag{5.13}
$$

和

$$
\bar{a}_{ts} \equiv
\begin{cases}
a_{ts}, & \text{当}\quad a_{ts} > 0, \\
\tau, & \text{其他}
\end{cases}
$$

式 (5.13) 中，τ 是一个小的正常量。

求:

$$
\begin{aligned}
i &\in \operatorname*{argmax}_{t} \left\{ -y_t \bigtriangledown_t f(\boldsymbol{\alpha}^k) | t \in I^c_{\mathrm{up}}(\boldsymbol{\alpha}^k) \right\}, \\
j &\in \operatorname*{argmin}_{t} \left\{ -\frac{b^2_{it}}{\bar{a}_{it}} | t \in I^c_{\mathrm{low}}(\boldsymbol{\alpha}^k), \right. \\
& \qquad \left. -y_t \bigtriangledown_t f(\boldsymbol{\alpha}^k) < -y_i \bigtriangledown_i f(\boldsymbol{\alpha}^k) \right\}
\end{aligned}
\tag{5.14}
$$

令工作集 $B_c = \{i, j\}$。

2. 对所有的 $t \in \{l+1, \cdots, l+n\}$, 定义:

$$
\begin{aligned}
\bar{a}_t &\equiv
\begin{cases}
Q_{tt}, & \text{当}\quad Q_{tt} > 0\,; \\
\tau, & \text{其他}
\end{cases} \\
V_R &\equiv \{ t | t \in I^r_{\mathrm{up}}(\boldsymbol{\alpha}^k), \nabla_t f(\boldsymbol{\alpha}^k) > 0 \\
& \qquad \text{或}\ t \in I^r_{\mathrm{low}}(\boldsymbol{\alpha}^k), \nabla_t f(\boldsymbol{\alpha}^k) < 0 \}
\end{aligned}
\tag{5.15}
$$

求:

$$
h \in \operatorname*{argmin}_{t} \left\{ -\frac{[\nabla_t f(\boldsymbol{\alpha}^k)]^2}{\bar{a}_t} | t \in V_R \right\}
\tag{5.16}
$$

令工作集 $B_r = \{h\}$。

3. 检查 $-\dfrac{b^2_{ij}}{\bar{a}_{ij}}$ 和 $-\dfrac{[\nabla_h f(\boldsymbol{\alpha}^k)]^2}{\bar{a}_h}$, 同时，根据上面两值中的较小者，令 $B = B_c$ 或 B_r。

4. 返回 B。

定义 $N \equiv \{1, \cdots, l+n\} \setminus B$。令 $\boldsymbol{\alpha}^k_B$ 和 $\boldsymbol{\alpha}^k_N$ 是向量 $\boldsymbol{\alpha}^k$ 的子向量，对应于 B 和 N。当工作集返回 $B_c = \{i, j\}$ 和 $a_{ij} > 0$, 求解下列包含 2 个变量 $\boldsymbol{\alpha}_B = [\alpha_i, \alpha_j]^{\mathrm{T}}$ 的子问题。

$$
\begin{aligned}
\min_{\alpha_i, \alpha_j} \frac{1}{2} [\alpha_i, \alpha_j]
\begin{bmatrix} Q_{ii} & Q_{ij} \\ Q_{ij} & Q_{jj} \end{bmatrix}
\begin{bmatrix} \alpha_i \\ \alpha_j \end{bmatrix} \\
+ (-\boldsymbol{e}_B + \boldsymbol{Q}_{BN} \boldsymbol{\alpha}^k_N)^{\mathrm{T}}
\begin{bmatrix} \alpha_i \\ \alpha_j \end{bmatrix}
\end{aligned}
\tag{5.17}
$$

---

① $K(\boldsymbol{x}_i, \boldsymbol{x}_j)$ 和 $K(\boldsymbol{x}^{(1)}_i - \boldsymbol{x}^{(2)}_i, \boldsymbol{x}^{(1)}_j - \boldsymbol{x}^{(2)}_j)$ 缩写为 K_{ij}。

使得，

$$0 \leqslant \alpha_i, \alpha_j \leqslant C, y_i\alpha_i + y_j\alpha_j = -\boldsymbol{y}_N^{\mathrm{T}}\boldsymbol{\alpha}_N^k$$

若工作集返回 $B_c = \{i, j\}$ 和 $a_{ij} \leqslant 0$，求解如下包含 2 个变量 $\boldsymbol{\alpha}_B = [\alpha_i, \alpha_j]^{\mathrm{T}}$ 的子问题。

$$\begin{aligned}
\min_{\alpha_i, \alpha_j} \ & \frac{1}{2}[\alpha_i, \alpha_j]\begin{bmatrix} Q_{ii} & Q_{ij} \\ Q_{ij} & Q_{jj} \end{bmatrix}\begin{bmatrix} \alpha_i \\ \alpha_j \end{bmatrix} \\
& + (-\boldsymbol{e}_B + \boldsymbol{Q}_{BN}\boldsymbol{\alpha}_N^k)^{\mathrm{T}}\begin{bmatrix} \alpha_i \\ \alpha_j \end{bmatrix} \\
& + \frac{\tau - a_{ij}}{4}((\alpha_i - \alpha_i^k)^2 + (\alpha_j - \alpha_j^k)^2)
\end{aligned} \tag{5.18}$$

使得，

$$0 \leqslant \alpha_i, \alpha_j \leqslant C, y_i\alpha_i + y_j\alpha_j = -\boldsymbol{y}_N^{\mathrm{T}}\boldsymbol{\alpha}_N^k$$

类似地，当工作集返回 $B_r = \{h\}$ 和 $Q_{hh} > 0$，求解下列包含 1 个变量 α_h 的子问题。

$$\min_{\alpha_h} \frac{1}{2}\alpha_h Q_{hh}\alpha_h + (-1 + Q_{hN}\boldsymbol{\alpha}_N^k)\alpha_h \tag{5.19}$$

使得，

$$0 \leqslant \alpha_h \leqslant C'$$

若工作集返回 $B_r = \{h\}$ 和 $Q_{hh} \leqslant 0$，则求解下列包含 1 个变量 α_h 的子问题。

$$\begin{aligned}
\min_{\alpha_h} \ & \frac{1}{2}\alpha_h Q_{hh}\alpha_h + (-1 + Q_{hN}\boldsymbol{\alpha}_N^k)\alpha_h \\
& + \frac{\tau - Q_{hh}}{2}(\alpha_h - \alpha_h^k)^2
\end{aligned} \tag{5.20}$$

使得，

$$0 \leqslant \alpha_h \leqslant C'$$

5.4 二层启发式抽样算法

利用某些标准可以辨别区分同类训练数据，从而构造偏好数据。例如，给定知识库中的实体，相对于较晚出现的与目标实体相关的引文，出现较早的与目标实体相关的引文更加偏向于重要相关；或者相关度高的引文优于低相关度的引文。从 PSVM 的对偶问题式 (5.2) 可知，核函数计算的代价复杂度是 $O((l+n)^2)$，若偏好数据的规模大时，模型迭代求解几乎不可能进行，加之大量偏好数据中还有可能混有更多的噪声数据，因此，多的偏好数据无益于提高模型分类的性能。所以，必须控制选择偏好数据的复杂度，以巧妙明智的方式选择偏好数据，以提高模型的精度。

两层启发式抽样方法选择有效的偏好数据。

第一层从同类同秩（秩可以是实体–引文的相关度，或者其他的标准）的数据中抽取相对多样性的样本。在核空间中，用 RBF 核函数，计算两个向量之间的欧氏距离公式：

$$\|\phi(\boldsymbol{x}_i) - \phi(\boldsymbol{x}_j)\|^2 = 2 - 2K(\boldsymbol{x}_i, \boldsymbol{x}_j) \tag{5.21}$$

首先，从同类同秩的数据中，构建一个全连接图，图的顶点表示训练样本，图中边的权由式 (5.21) 来计算。然后生成图的最大生成树，从生成树中选择权最高的前 m 条边，获得相应的 $m+1$ 个顶点对应的样本，则这 $m+1$ 个样本为数据集的多样性样本。将上述抽样过程称为多样性最大生成树算法 (Diversity Maximum Spanning Tree，DIV-MST)，此算法能够合理地避免有偏抽样。DIV-MST 算法的复杂度是 $O(l^2)$。

如图 5.1 所示是算法 DIV-MST 的过程。图由 3 类数据构成，顶点由 6 个数据点组成，边的权值在图中标出；得到最大生成树，如图 5.1(b) 所示，选择权值最高的两条边（顶点 1 与 3 对应的边，顶点 1 与 4 对应的边），以及对应的 3 个顶点（顶点 1、3 和 4），如图 5.1(c) 所示。这 3 个顶点分别是 3 类数据中的点，因此具有多样性，抽样没有发生扎堆的现象和有偏的情况。

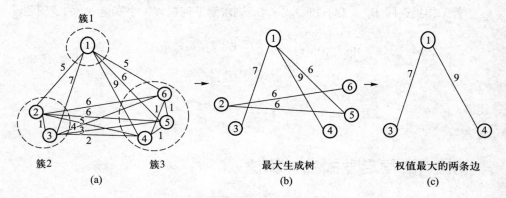

图 5.1　算法 DIV-MST 的示例图

第二层中，为了从同类不同秩的数据中生成有效的偏好数据，先行研究下面的启发式例子。

例：假设决策函数 $f(\boldsymbol{x}) = \boldsymbol{w}^{\mathrm{T}}\phi(\boldsymbol{x}) + b$，$x_1 \succ x_2$ 是一偏好数据，令 $d(x_1, x_2) = \|\phi(x_1) - \phi(x_2)\|$。根据距离 $d(x_1, x_2)$，可以推导出 $\boldsymbol{w}$ 的可行解范围。由于 $x_1 \succ x_2$，

则有 $f(x_1) - f(x_2) \geqslant \triangle > 0$, 容易推出:

$$\|\boldsymbol{w}\| \geqslant \frac{\triangle}{\|\phi(x_1) - \phi(x_2)\|} = \frac{\triangle}{d(x_1, x_2)}. \qquad (5.22)$$

很显然, 根据式 (5.22), 当距离 $d(x_1, x_2)$ 越大, 则 $\|\boldsymbol{w}\|$ 越小, 即此时分类超平面的间隔将变大, 具有较强的泛化能力。

综上, 选择核空间中欧氏距离前 H 大的偏好数据, 等价于选择后 H 小的核函数偏好数据。H 是根据任务确定的超参数。

5.5 PSVM 模型效果

为了验证 PSVM 模型的实际表现, 使用两类数据集进行测试。第一类是 TREC-KBA-2012 数据集; 第二类是 7 个不同数据规模的数据集, 分别来自 UCI 机器学习数据仓库、CMU 的 Statlib 库, 以及 http://Mldata.org 机器学习数据仓库。

5.5.1 基于 TREC-KBA-2012 的测试

TREC-KBA-2012 是由国际文本检索大会 (TREC) 知识库加速–累积引文推荐 (KBA-CCR) 评测任务提供的数据集。在 TREC-KBA-2012 中, 实体–引文相关性程度分为 4 个级别, 包括重要 (Central)、相关 (Relevant)、中性 (Neutral) 和垃圾 (Garbage)。当作二分类实验时, 从数据集中区分 Central+Relevant 与 Neutral+Garbage 样本, 此时同类不同相关程度的样本能够构建偏好数据。

1. 数据集

TREC-KBA-2012 数据集包括 29 个维基百科实体, 其中, 27 个人物实体和 2 个机构组织实体。流语料库通过过滤后, 生成的工作集数据中, 训练数据集包括 17 950 个训练样本, 71 365 个测试样本。关于此数据集的具体介绍可参见第 2 章, 此处不再重复。另外, TREC-KBA-2012 数据集的标注情况见表 5.1。

表 5.1　实验数据集标注情况统计

级别	训练样本	测试样本	合计	总计
Garbage	9 382	20 439	29 821	
Neutral	1 757	2 470	4 227	57 755
Relevant	6 500	8 426	14 926	
Central	3 525	5 256	8 781	

2. 任务场景

根据分类的不同粒度，使用两种不同的任务场景来验证 PSVM 模型的有效性，这两种任务场景也是 TREC-KBA-2012 官方的评测场景。

(1) Central 对 Other 场景

在此任务场景下，标注为 Central 的实体–引文对为正例样本，其余的为负例样本。因此，把这个任务场景称为 Central Only。另外，此场景利用第 5.4 节提出的二层抽样算法，分别从标注为 Relevant 与 Neutral、Relevant 与 Garbage，以及 Neutral 与 Garbage 的样本中生成偏好数据，其中 $m = 40$。

(2) Central+Relevant 对 Neutral+Garbage 场景

在此场景，标注为 Central 和 Relevant 的样本为正例样本，其他两类的为负例样本。因此，把此任务场景称为 Central+Relevant。对于偏好数据，只从标注为 Central 和 Relevant 的数据中，利用第 5.4 节提出的二层抽样算法，生成所需要的偏好数据，$m = 40$。

3. 模型评价指标

为了从不同角度评价 PSVM 模型，采用最大宏平均 ($F1$)、模型的效用 SU（参见第 3 章）、标准差 (σ) 和模型的运行时间 (Time) 4 个评价指标对模型进行度量。

4. 实验配置

根据任务场景、采样方式和偏好数据个数的不同组合，测试进行了 24 个 PSVM 的变种实验。PSVM-R_xx 表示随机抽样，抽取偏好数据的个数为 xx 个。PSVM-2L_xx 表示二层启发式抽样，抽取偏好数据的个数为 xx 个。需要说明的是，在 TREC-KBA-2012 数据集上，使用的特征向量同文献 [122]。同时为了对比 PSVM 实际表现，还进行了 SVM、RankingSVM 和 SVM+ 实验。

实验使用的计算机为 64 位机，配置为 Intel Xeon 2.4 GHZ (L5530)，4 MB 缓存和 24 GB 内存。使用 RBF 核函数，

$$K(x_i, x_j) = \exp(-\gamma \|x_i - x_j\|)$$

以及 3 折交叉验证的方法来选择模型对应的超参数。首先，利用交叉验证在搜索格 (C, C', γ) 上选择实验结果最好的参数，然后采用此参数在整个训练数据集上学习 1 个 PSVM 模型，最后用此模型在测试集上验证各评价指标。其中：

$$C, C' \in \{2^{-5}, 2^{-4}, \cdots, 2^{15}\},$$

$$\gamma \in \{0.05, 0.1, 0.2, 0.4, 0.45, 0.5, 0.55, 0.6, 0.7, 1.6, 3.2, 6.4, 12.8\}$$

为了进一步说明模型 PSVM 的效果，引入在 2012 年评测中取得前两名的方法 HLTCOE[11] 和 UDEL[9]，以及之前取得最好结果的模型 3-step Random Forest[67](3-step RF)。

5. 实验结果及讨论

表 5.2 列出了所有实验的结果，分别从 $F1$、SU、σ 和 Time 复杂度方面对测试进行度量。

表 5.2　比对实验结果

方法	Central Only				Central+Relevant			
	$F1$	SU	σ	Time/ms	$F1$	SU	σ	Time/ms
SVM	0.338	0.371	0.222	2 190	0.688	0.681	0.279	2 110
RankingSVM	0.325	0.291	0.235	44 867	0.613	0.604	0.276	44 867
SVM+	0.329	0.327	0.226	259 161	0.689	0.682	0.278	438 359
HLTCOE	**0.359**	**0.402**	0.242	-	0.492	0.555	0.256	-
UDEL	0.355	0.331	0.208	-	0.597	0.591	0.213	-
3-step RF	0.351	0.347	0.215	-	0.691	0.673	0.260	-
PSVM-2L_10	0.320	0.344	0.229	1 660	0.713	0.710	0.214	2 230
PSVM-2L_30	0.321	0.370	0.227	7 620	0.690	0.682	0.277	6 270
PSVM-2L_50	0.322	0.349	0.231	17 660	0.701	0.712	0.253	8 090
PSVM-2L_100	0.318	0.358	0.228	5 710	0.689	0.682	0.279	2 380
PSVM-2L_250	0.335	0.338	0.213	30 260	0.694	0.694	0.232	17 750
PSVM-2L_300	0.333	0.354	0.217	20 580	**0.717**	**0.714**	0.220	23 570
PSVM-R_10	0.320	0.344	0.225	3 410	0.688	0.680	0.279	2 820
PSVM-R_30	0.327	0.333	0.222	2 090	0.688	0.680	0.279	5 020
PSVM-R_50	0.318	0.319	0.228	8 680	0.688	0.680	0.279	13 430
PSVM-R_100	0.322	0.315	0.227	21 060	0.688	0.680	0.279	14 440
PSVM-R_250	0.327	0.342	0.225	24 720	0.688	0.680	0.279	10 490
PSVM-R_300	0.318	0.320	0.228	18 030	0.688	0.680	0.279	17 260

"-" 表示参考模型，在本文中没有重复实验，只使用其结果。

在 Central+Relevant 任务场景中，相对其他比较的方法，二层启发式抽样的 PSVM 模型在 $F1$ 指标上表现优秀。具体来说，与 SVM 相比，PSVM-2L_300 将 $F1$ 提高了 4.2%。相对于 SVM+，PSVM-2L_300 的 $F1$ 提高约 4.1%。对于 RankingSVM，PSVM-2L_300 把 $F1$ 提高了近 17%。通过这些实验，验证了

PSVM 的设计初衷：

① 偏好数据的差异信息能够提高分类性能。与 SVM 相比，随机生成偏好数据的 PSVM 模型 PSVM-R_xx 的实验结果表现一般，这意味着随机选择少量的偏好数据，对提高分类效果没有明显的优势。

② 二层启发式抽样算法能够获得有效的偏好数据。

③ PSVM 模型和少量有效的偏好数据能够提高分类性能。

为了验证 PSVM 模型的有效性，对 PSVM 模型与其他比较模型作 t 检验，通过计算 P 值，来评估在 Central+Relevant 任务场景下模型之间的显著性统计差异。具体来说工作包括两步：第一步，对于参与比较的每个模型，首先获得模型取得最大宏平均 $F1$ 对应的阈值，然后用此阈值对测试集样本进行分类，计算每个目标实体的 $F1$ 值；第二步，针对不同方法、不同目标实体的 $F1$ 值，利用双尾成对 t 检验方法计算比较方法的 P 值。模型 PSVM-2L_300 相对于 SVM、SVM+、RankingSVM、HLTCOE、UDEL 和 3-step RF 的 P 值分别是 0.0247、0.047、0.0176、0.0005、0.0001 和 0.048。从 P 值可以看出，PSVM 模型从统计显著性的角度明显优于其他 6 个比较模型。

除 P 值外，各方法的标准差见表 5.2。PSVM-2L_300 的标准差 σ 为 0.22，在 Central+Relevant 任务场景下，明显低于其他大多数比较的方法。

各方法的时间复杂度见表 5.2 的第 5 列和第 9 列，从结果看出，模型 PSVM 模型的时间复杂度介于 SVM 与 RankingSVM 之间。但是，SVM+ 的学习时间远远超过其他方法。

在 Central Only 任务场景中，与模型 HLTCOE、UDEL 和 3-step RF 相比，PSVM 模型的 $F1$ 显得很低。这是因为偏好数据来自 Relevant 与 Neutal、Relevant 与 Garbage 和 Neutral 与 Garbage，没有 Central 样本之间的信息。事实上，对于实体–引文相关性分类任务，Relevant、Neutral 和 Garbage 的引文并不重要，而且对它们的标注有很大的噪声，从而导致模型 PSVM 的 $F1$ 值普遍低于其他的对比方法。

5.5.2 强化测试

1. 数据集

为了进一步验证 PSVM 模型的有效性，继续选择在 7 个数据集上进行测试。这 7 个数据集分别取自 UCI 机器学习库、CMU 的 StatLib 库和机器学习数据集库，7 个数据集的统计情况见表 5.3。

表 5.3 实验中使用的 7 个数据集统计情况

数据集	样本数	属性数	数据源
pyrim	74	27	UCI
ailerons	8 694	40	UCI
concrete	1 030	8	UCI
bank8fm	8 192	9	mldata.org
Wisconsin	194	33	mldata.org
bodyfat	252	14	Statlib
kin8nm	8 192	9	mldata.org

2. 实验准备

对以上的数据集，首先选择一个阈值，依据数据集中的输出值把样本转化为一个二分类变量。例如，在 concrete 数据集中，选择一个水泥的强度阈值，然后利用此阈值定义正例样本和负例样本。阈值选择的依据是，此阈值能够把整个数据集分成对半样本集，分别对应正例样本集和负例样本集。针对每个数据集，选择 2/3 的数据用于训练，1/3 的数据用于测试。另外，依据样本的连续输出值作为样本的偏好程度，来生成偏好数据。例如，若样本的输出值大于另一个样本的输出值，则这两个样本生成一个偏好数据。类似地，本书也使用样本的连续输出值作为 SVM+ 模型的特权信息。

实验中还使用 RBF (Radial Bias Function) 核函数

$$K(x_i, x_j) = exp(-\gamma\|x_i - x_j\|).$$

测试所使用的计算机配置：64 位，Intel Xeon 2.4 GHZ (L5530)，4 MB 缓存和 24 GB 内存。与第 5.5.1 节实验配置一致，超参数 C、C' 和 γ 的选择依然使用 3 折交叉验证。对每个数据集，分别随机采样 150 个偏好数据和 150 个二层启发式抽样样本，对应的模型分别缩写为 PSVM-R 和 PSVM-L。类似地，为了进一步测试 PSVM 模型，在这 7 个数据集上进行了 SVM、SVM+ 和 RankingSVM 实验。

3. 实验结果及讨论

使用调和平均 $F1$ 和准确率 accuracy 来衡量比较模型的性能。7 个数据集上所有比对方法的 $F1$ 和 accuracy 实验结果分别见表 5.4 和表 5.5。

表 5.4 pyrim 等 7 个数据集不同方法的 $F1$ 得分

数据集	PSVM-L	PSVM-R	SVM	RankingSVM	SVM+
pyrim	0.896	0.774	0.758	0.722	0.838
ailerons	0.833	0.805	0.728	0.717	0.806
concrete	0.849	0.748	0.744	0.729	0.894
bank8fm	0.935	0.928	0.851	0.766	0.896
Wisconsin	0.705	0.647	0.647	0.658	0.647
bodyfat	0.969	0.913	0.853	0.847	0.968
kin8nm	0.879	0.814	0.794	0.799	0.877

表 5.5 pyrim 等 7 个数据集不同方法的 accuracy 得分

数据集	PSVM-L	PSVM-R	SVM	RankingSVM	SVM+
pyrim	0.885	0.731	0.731	0.615	0.807
ailerons	0.815	0.764	0.765	0.603	0.805
concrete	0.832	0.772	0.764	0.627	0.886
bank8fm	0.937	0.930	0.853	0.695	0.896
Wisconsin	0.667	0.621	0.636	0.591	0.621
bodyfat	0.965	0.907	0.849	0.791	0.965
kin8nm	0.889	0.798	0.787	0.755	0.879

通过这些实验，可以清楚地看出使用偏好数据的优势。PSVM-L 模型在 7 个数据集上的 $F1$ 和 accuracy 得分超过了 SVM 和 RankingSVM 模型。PSVM-R 模型，根据 $F1$ 和 accuracy 得分，在 7 个数据集上也超过了 SVM 和 RankingSVM 模型。另外，PSVM-L 模型好于 PSVM-R 模型。SVM+ 模型在 7 个数据集的 $F1$ 得分超过 SVM。除 Wisconsin 数据集之外，SVM+ 模型的准确率 accuracy 得分高于 SVM 模型。根据 $F1$ 和 accuracy 的得分，PSVM-L 在 6 个数据集上胜过 SVM+ 模型。但是，SVM+ 模型在 concrete 数据集的 $F1$ 得分高于 PSVM-L 模型。针对实验结果，仔细研究这 7 个数据集，发现 concrete 数据集的平均值和方差 (35.898 和 283.714) 远远大于其他数据集 (例如：pyrim 数据集为 0.655 和 0.010，ailerons 数据集为 -0.00088 和 1.712)。这表明在 concrete 数据集中的样本很容易区别，所以 SVM+ 模型超过了 PSVM-L 模型。对于其他 6 个数据集，数据集中样本之间极其相似，不易区分，此时 PSVM-L 模型超越了 SVM+ 模型，说明 PSVM 模型利用偏好数据能提高分类效果。

所有模型所用的时间复杂度见表 5.6。通过这些实验，SVM+ 模型所用的时间远远高于其他模型，SVM 模型所用的时间低于其他对比的模型。而 PSVM 模型时间复杂度介于 SVM 和 RankingSVM 模型。由于 PSVM 模型是以 SVM 为基础，与 RankingSVM 相似，且利用扩展的 SMO 算法来迭代目标优化问题，所以实验所用时间结果符合预期。但是 SVM+ 模型引入校正函数来建模特权信息，涉及最小化训练数据和特权信息两方面组合的特征向量所对应的函数[142]。因此，SVM+ 模型所用时间复杂度高于 SVM、PSVM-R 和 PSVM-L 模型。

表 5.6　比对模型的时间复杂度　　　　　　　　　　单位：ms

Dataset	PSVM-L	PSVM-R	SVM	RankingSVM	SVM+
pyrim	14	3	4	91	21
ailerons	2 399	2 396	5 618	11 946	1 410 733
concrete	57	60	52	176	28 264
bank8fm	3 108	2 699	2 587	5 813	37 767
Wisconsin	1	6	2	8	5
bodyfat	2	1	5	3	7
kin8nm	1 330	7 048	1 744	17 639	16 400

5.6　本章小结

实体–引文相关性分类任务在构造训练数据时，简单地把标注为重要/Central、有用/Useful、中性/Neutral 和垃圾/Garbage 的数据分为正例样本或负例样本。仔细研究发现，直接使用分类模型将忽略蕴含在样本之间的排序信息。因此，需要寻找新方法，能够在分类的同时融合排序信息。

本章首先提出融入偏好信息的分类模型 PSVM，来建模分类与排序组合的模型，利用偏好信息增强支持向量机。其次，为了获得有效的偏好数据，提出了二层启发式的抽样算法。再次，给出融入偏好信息分类模型优化目标问题的自适应 SMO 算法，来求解目标优化问题的最优解。最后，在 8 个公开数据集上验证了模型的有效性。通过大量的比对实验结果表明，该模型不仅在 TREC-KBA-2012 数据集，对实体–引文相关性分类任务有显著提高，而且对来自不同平台、不同类型的其他数据集的分类性能也有明显成效。

[评注]

本章的内容主要取自作者发表在《Science in China Series F: Information Sciences》期刊上的文章[167]。经典的支持向量机非常成功地运用在各种分类问题中。由于某些分类问题比较困难，需要挖掘问题的资源，才能很好地解决或缓解问题的难度。本章充分挖掘数据集特征，利用数据集本身提供的偏好关系，扩展支持向量机的分类功能。从实验结果看，提出的模型在实验数据集上有效，可以推广使用。

第 6 章 实体–引文联合的深度网络分类模型

面向百科知识库的实体–引文相关性分类任务, 旨在从文本大数据流中发现与目标实体不同相关程度的引文。先前的方法着眼于特征的选择和机器学习模型的选择。对于特征选择, 针对具体任务, 设计有效的特征, 需要耗费领域专家大量的精力, 而深度表征学习的提出缓解了这一问题。本章研究的实体–引文联合的深度网络分类模型, 集特征选择与分类模型于一体, 从实体–引文中自动学习其特征, 进而对目标实体相关的引文进行分类。与已有方法相比, 该模型提供了一个端到端的学习分类系统, 无须人工干预。

6.1 引言

百科知识库 (如维基百科) 对知识的整理和应用具有重要意义。百科知识库已经成为人们日常搜索知识的主要平台, 同时也成为如实体链接[19]、查询扩展[168]、知识图谱[169]、问答系统[170]、实体检索[171] 和推荐系统[73] 等应用的重要知识来源。维持百科知识库的时效性, 对这些应用有显著的性能提高。实体–引文相关性分类任务是提高知识库即时性的关键任务, 旨在从文本大数据流中发现与目标实体不同相关程度的引文。

目前针对实体–引文相关性的分析主要包括两方面的工作, 一是设计人工特征, 二是利用分类或排序方法对其进行分析。这些工作取得了良好的性能表现[11, 119, 167]。其中, Balog[119] 在 TREC-KBA-2012 数据集上抽取了 68 个精心设计的特征对目标实体的相关引文进行分类或排序。显然, 这些特征的设计与获取需要耗费大量的时间与精力, 并存在限制: ① 特征的选择与设计完全依赖专业经验, 只针对具体任务, 缺少泛化能力; ② 特征设计的有效性将会影响系统的整体性能; ③ 特征抽取需要耗费大量的人力与物力等资源。

近年来, 由于深度表征学习具有能够学习数据中蕴含的复杂关系, 并把不同的数据表示为统一的向量形式等特性, 被成功地应用在自然语言处理和信息检索等任务中。词向量 (词嵌入) 是深度学习在自然语言处理和信息检索任务中最基础的工作, 通过把词映射到一个低维、稠密的连续实数空间, 来表示词的语义和句法特征。在句子建模和分类任务方面, 基于卷积神经网络的深度学习模型显示出优异的性能[172-175]。利用卷积运算，模型能够抽取变长短语的特征，最后利用最大化池把卷积结果转变为固定长度的特征向量，送入全连接层进行分类或回归预测。

为了解决人工设计实体–引文特征带来的问题，综上深度表征学习在自然语言处理与信息检索方面的实际表现，本书提出实体–引文联合的深度神经网络分类模型，称为 DeepJoED (a Joint Deep Neural Network Model of Entities and Documents) 模型，可自动学习实体与引文的分布式表示并进行分类。DeepJoED 接收实体与引文的原始文本序列作为输入，利用两个并行的深度神经网络联合学习实体与引文的分布式表达，然后采用隐层耦合并行的网络，把实体与引文的分布式表达融入一个特征空间中，最后增加 1 个分类层进行实体–引文相关性分类。采用反向传播算法、端到端的方式训练 DeepJoED 模型，模型训练完成后，用测试集检验模型的效果。

为了测试 DeepJoED 模型的性能，在 TREC-KBA-2012 数据集上，设计多组对比实验。通过这些实验结果可以发现，DeepJoED 模型对目标实体的相关引文分类性能有显著提升，主要体现在：

① 依据现有的知识，DeepJoED 模型是首次采用深度神经网络建模实体–引文相关性分类任务。DeepJoED 用原始的文本序列作为输入，并行建模实体和引文的分布式表达，最后用交互层和分类层，进行端到端自动学习潜在特征，并进行实体–引文的分类。

② 使用简单的原始文本序列输入，DeepJoED 模型不需要任何的人工交互，自主进行特征抽取。使用预训练的词向量或随机初始化的词向量表示实体与引文原始词序列，并且用反向传播算法训练模型。DeepJoED 模型提供了一个端到端的实体–引文相关性分类任务。同时，该模型还可以容易地扩展到在线学习领域。当新的数据来的时候，连续地更新学习模型。

③ 在 TREC-KBA-2012 数据集上进行的大量比对实验，验证 DeepJoED 模型的有效性。实验结果表明，相对于参照模型，DeepJoED 模型有非常显著的性能提升。

6.2 文本分类的相关工作

文本分类是根据文本的内容或主题，对其赋予预先给定的类别[176]。在智能信息处理服务中，文本分类有着广泛的应用。例如，百度新闻每天都抓取其他门户网站的新闻文章，并自动对这些新闻进行分类。此外，观点挖掘、垃圾邮件检测等与自然语言分析相关的任务，也都是文本分类的具体应用。文本分类一般需要经过两个步骤：文本表示和学习分类，文本表示典型的代表有词袋模型[177]、主题模型[93, 94]和分布式表达模型[95]，用于文本分类的模型有朴素贝叶斯[178]、KNN[179]、支持向量机[176]和随机森林[180]等。

近年来，随着深度学习研究的推进，利用深度神经网络研究文本分类任务成为一个研究热点，获得了巨大成就，并被广泛应用[181]。研究者提出了许多文本分类的深度模型。Kim[175]提出了一个简单的卷积神经网络文本分类模型，该模型输入文本对应的词向量序列，用卷积和最大化池运算分别捕获文本的局部和全局特征，最后用一个 softmax 层来分类，采用随机批量梯度对网络进行学习，在公开的数据集上表现出良好的性能。Johnson 和 Zhang[182]引入了一个金字塔深度卷积神经网络的文本分类模型，卷积层与下采样层交替生成金字塔样式的深度网络模型。Zhang 等人[183]提出依赖敏感的卷积神经网络文本分类模型，模型首先使用 LSTM 模型处理文本的句子，然后利用卷积神经网络建模文本的全局特征。以下将参照 Kim[175]提出的文本分类模型，对实体和引文分别构建共享并行的深度网络模型。

6.3 实体–引文相关性分类问题定义

本章把实体–引文相关性分析视为二分类问题，视相关的实体–引文实例为正例样本，不相关的实体–引文为负例样本。同概率生成模型相比，判别模型具有坚实的理论特性[125]，在信息检索领域常常能获得良好表现[126, 137]。因此，采用概率生成模型，用深度神经网络建模实体–引文的相关性概率分类函数。

给定知识库的实体集 E 以及引文文档集 C，目标实体 $e = \{w_1, w_2, \cdots, w_m\} \in E$ 由 m 个词序列组成，引文 $d = \{t_1, t_2, \cdots, t_n\} \in C$ 由 n 个词序列组成。对于实体–引文对 (e, d)，估计目标实体 e 与引文 d 的相关性概率，即计算 $P(r|e, d)$。在 $P(r|e, d)$ 中，$r \in \{1, 0\}$，$r = 1$ 表示实体–引文对 (e, d) 是正样本，$r = 0$ 表示实体–引文对 (e, d) 是负样本。采用实体–引文联合深度神经网络，以端到端的方式建模 $P(r|e, d)$。

6.4 DeepJoED 模型

DeepJoED 利用原始的文本建模目标实体与引文的相关性，由两个并行共享的卷积神经网络组成，建模实体与引文的特征。在交互层相互耦合，使得实体与引文交互在同一空间。在顶层输出实体与引文的相关性得分。DeepJoED 网络训练以联合的方式，在训练集中求最小损失代价。训练数据集由实体–引文对组成，实体来自百科知识库，引文来自文本大数据流语料库。如图 6.1 所示为 DeepJoED 模型，本节将详细介绍其各层的组成。

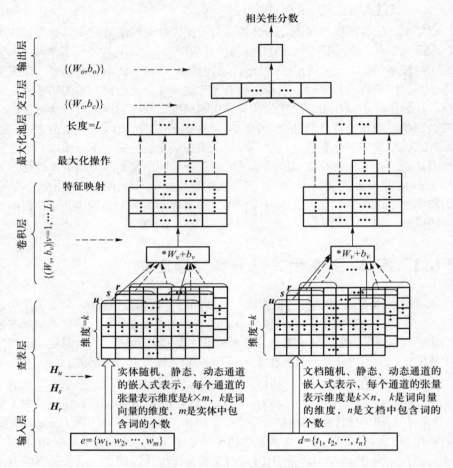

图 6.1　DeepJoED 模型的框架

6.4.1　DeepJoED 框架

DeepJoED 的框架如图 6.1 所示。模型先由两个并行共享权值的卷积神经网络组成，其在交互层互相耦合。一个网络 (Net$_e$) 针对目标实体进行建模，另一个网络 (Net$_d$) 针对引文建模。对于任一实体–引文对，把实体与引文的原始文本序列分别输入网络 Net$_e$ 和 Net$_d$，对应的相关性得分在输出层被计算。

- 网络的第一层为输入 (Input) 层，表示实体与引文的原始文本序列分别为词典 D 的索引序列，以索引序列的形式输入到网络中。其中，词典 D 由目标实体和文本流语料库的词构成。另外，字典包含一个特殊的词"unknown"，所有在词典外的词被映射为"unknown"。
- 网络的第二层称为查表 (Look-up) 层。通过查表运算，把实体与引文的索引序列转化为词嵌入序列，组成词嵌入矩阵。
- 接下来的两层是标准的卷积神经网络，包括卷积 (Convolution) 层和最大化池 (Max-pooling) 层，建模实体与引文的隐含特征。
- 交互层 (Interaction) 在两并行网络的上层，使得实体与引文的隐因子组合在同一语义空间。交互层的输出作为最顶层的输入。
- 网络的最顶层称为输出 (Output) 层。通过全连接网络把交互层与输出层联系起来，计算实体–引文对的相关得分。

事实上，除输入不同，两个并行网络涉及的运算相同。所以，下面将主要介绍网络 Net_e、交互层和输出层。

6.4.2 输入层

首先对目标实体的主页和流语料库中的文本进行分词，然后汇聚所有词，选择大多数词构建一个有限大小的字典 D，其中把"unknown"作为字典中的第一个词，索引为 0。所有在词典之外的词映射为"unknown"。在输入层，网络 Net_e 和 Net_d 分别对目标实体 e 和引文 d 的原文，通过查字典，分别转化为索引序列。具体地，实体 e 表示为 $e = \{w_1, w_2, \cdots, w_m\}$，其中 w_i $(i = 1, \cdots, m)$ 是字典 D 中的索引；引文 d 表示为 $d = \{t_1, t_2, \cdots, t_n\}$，其中 t_j $(j = 1, \cdots, n)$ 是字典 D 中的索引；m 和 n 分别是实体 e 和引文 d 的长度，如图 6.1 所示。

6.4.3 查表层

1. 词嵌入

词嵌入 (Word Embedding) $g : D \rightarrow \boldsymbol{H}$ 是一个参数化函数，把字典 D 中的每个词映射为 k 维的连续实值向量，称 k 维连续实值向量为词嵌入。其中，D 是所有实体主页和引文中出现的大多数词构成的字典，且第一个词为"unknow"。$\boldsymbol{H} \in R^{k \times |D|}$ 是一个实值参数矩阵。$\boldsymbol{H}$ 的每一列 (即 $[\boldsymbol{H}]_i$) 是一个实值向量，对应于字典 D 中的一个字 (即 D_i)，字典 D 的长度等于矩阵 $\boldsymbol{H}$ 列的个数。为了简化，直接用字典 D 中的索引来表示字典的字。因此，$g : D \rightarrow \boldsymbol{H}$ 是一个定义域为自然数、值域为 k 维实值向量的一元多值连续实值函数。可以有两种方式来确定

$\boldsymbol{H}$。一种是先使用 Word2Vec[98] 模型来学习实体主页和引文包括词的词向量，之后如果在 DeepJoED 模型学习过程中，同时学习更新 $\boldsymbol{H}$，这种方式记为 $\boldsymbol{H}_u$，表示动态方式；如果在 DeepJoED 模型学习过程中，不更新 $\boldsymbol{H}$，则记为 $\boldsymbol{H}_s$ 表示静态方式。另一种方式是随机初始化词向量矩阵 $\boldsymbol{H}$，在模型 DeepJoED 学习过程中同时学习更新 $\boldsymbol{H}$，记为 $\boldsymbol{H}_r$，表示随机更新。需要说明的是 $\boldsymbol{H}_u$、$\boldsymbol{H}_s$ 和 $\boldsymbol{H}_r$ 如同图像中的通道。在测试中，分别对 $\boldsymbol{H}_u$、$\boldsymbol{H}_s$ 和 $\boldsymbol{H}_r$ 进行单通道或两两组合的双通道实验。

2. 实体和引文的表示

令 $\boldsymbol{x}_i$ 和 $\boldsymbol{y}_j \in R^k$ 为 k 维词向量，分别对应实体 e 主页的第 i 个词和引文 d 中的第 j 个词。这可以对 $\boldsymbol{H}$ 通过查表来获得。再令 $[\boldsymbol{H}]_i$ 表示矩阵 $\boldsymbol{H}$ 的第 ith 列。根据 $e = \{w_1, w_2, \cdots, w_m\}$ 和 $d = \{t_1, t_2, \cdots, t_n\}$，定义运算 Lu，使得，

$$\begin{aligned}
\boldsymbol{x}_i &= Lu(w_i) = [\boldsymbol{H}]_{w_i}, i = 1, \cdots, m \\
\boldsymbol{y}_j &= Lu(t_j) = [\boldsymbol{H}]_{t_j}, j = 1, \cdots, n
\end{aligned} \tag{6.1}$$

因此，对于实体 e 和引文 d，能够分别得出如下的两个矩阵：

$$\begin{aligned}
\boldsymbol{x}_e &= x_{1:m} = ([\boldsymbol{H}]_{w_1}[\boldsymbol{H}]_{w_2} \cdots [\boldsymbol{H}]_{w_m}) \\
\boldsymbol{y}_d &= y_{1:n} = ([\boldsymbol{H}]_{t_1}[\boldsymbol{H}]_{t_2} \cdots [\boldsymbol{H}]_{t_n})
\end{aligned} \tag{6.2}$$

式 (6.2) 中，$\boldsymbol{x}_e$ 和 $\boldsymbol{y}_d$ 分别表示实体 e 和引文 d 的语义表达。注意 $\boldsymbol{H}$ 可以被 $\boldsymbol{H}_r$、$\boldsymbol{H}_s$ 和 $\boldsymbol{H}_u$ 代替。显然，这种表示方式保留了实体主页和引文中词的序列。得到这两个矩阵后，送入卷积层。

6.4.4　卷积层和最大化池层

为了对实体语义表达 $\boldsymbol{x}_e$ 和引文语义表达 $\boldsymbol{y}_d$ 的表示式 (6.2) 使用卷积运算，捕获实体与引文的局部语义特征，令 $\boldsymbol{x}_{i:i+l}$ 表示对 $x_i, x_{i+1}, \cdots, x_{i+l}$ 的拼接片段，$\boldsymbol{y}_{j:j+l}$ 表示 $y_j, y_{j+1}, \cdots, y_{j+l}$ 的拼接片段。形式化为：

$$\begin{aligned}
\boldsymbol{x}_{i:i+l} &= ([\boldsymbol{H}]_{w_i}[\boldsymbol{H}]_{w_{i+1}} \cdots [\boldsymbol{H}]_{w_{i+l}}) \\
\boldsymbol{y}_{j:j+l} &= ([\boldsymbol{H}]_{t_j}[\boldsymbol{H}]_{t_{j+1}} \cdots [\boldsymbol{H}]_{t_{j+l}})
\end{aligned} \tag{6.3}$$

两个矩阵。

给定卷积核 (过滤器) 和偏置集 $F = \{(W_v, b_v)|v = 1, \cdots, L\}$，一个卷积运算涉及卷积核 $W_v \in R^{d_{\text{win}} \times k}$ 和偏置项 $b_v \in R$，给定卷积运算的窗口宽度 d_{win}，生成局部特征。如局部特征 e_{l_i} 由 $\boldsymbol{x}_e$ 的词片段 $\boldsymbol{x}_{i:i+d_{\text{win}}-1}$ 生成，表示为：

$$e_{l_i} = f(W_v \cdot \boldsymbol{x}_{i:i+d_{\text{win}}-1}^{\text{T}} + b_v) \tag{6.4}$$

式 (6.4) 中，f 是一个非线性函数，如 ReLUs (Rectified Linear Units)。这个过滤器应用到 x_e 的每个可能的窗口片段：

$$\{x_{1:d_{\text{win}}}, x_{2:d_{\text{win}}+1}, \cdots, x_{m-d_{\text{win}}+1:m}\}$$

来计算特征映射图 (Feature Map)：

$$e_v = [e_{l_1}, e_{l_2}, \cdots, e_{l_{m-d_{\text{win}}+1}}] \tag{6.5}$$

式 (6.5) 中，e_v 和过滤器 W_v 和偏置项 b_v 所对应，表示相对于 W_v 和偏置项 b_v 对应的特征映射图。类似地，可以得到引文 d 的特征映射图：

$$d_v = [d_{l_1}, d_{l_2}, \cdots, d_{l_{n-d_{\text{win}}+1}}] \tag{6.6}$$

式 (6.6) 中，$d_{l_i}(i = 1, \cdots, n - d_{\text{win}} + 1)$ 是引文 y_d 的局部语义特征，通过用过滤器 W_v 和偏置项 b_v 做卷积运算式 (6.4) 而得到。需要说明的是，对于每个窗口宽度，对应 L 个不同的过滤器和偏置项。为了表述简单，假定使用一个窗口宽度，即只有 L 个过滤器和偏置项。在双通道的组合结构中（图 6.1），每个过滤器应用到组合的双通道上，这类似于图像的卷积处理。注意 L 和 d_{win} 为模型的超参数，需要在训练过程中确定。

根据卷积层的运算结果，在特征映射 e_v 和 d_v 上应用最大化池运算[101]，分别得到两个固定长度的向量式 (6.7)，输入到下一层。

$$\begin{aligned} \boldsymbol{e}_{\max} &= [\hat{e}_1, \hat{e}_2, \cdots, \hat{e}_L] \\ \boldsymbol{d}_{\max} &= [\hat{d}_1, \hat{d}_2, \cdots, \hat{d}_L] \end{aligned} \tag{6.7}$$

式 (6.7) 中，$\hat{e}_v(v = 1, \cdots, L)$ 是 e_v 式 (6.5) 中的最大值，$\hat{d}_v(v = 1, \cdots, L)$ 是式 (6.6) 中的最大值。最大化池的这种策略能够处理变长的实体主页和变长引文，分别得到固定长度的向量，能够作为机器学习模型的输入。

6.4.5　交互层

虽然两个固定长度的向量式 (6.7) 可以被看作是实体 e 和引文 d 的特征向量，但是它们分别属于不同的特征空间，不能直接用来分类。因此，增加一个隐层，称为交互层，耦合 Net_e 和 Net_d，映射实体与引文到同一特征空间中。

具体地，把 $\boldsymbol{e}_{\max}$ 和 $\boldsymbol{d}_{\max}$ 式 (6.7) 连接成单一向量 $\boldsymbol{z} = [\boldsymbol{e}_{\max}, \boldsymbol{d}_{\max}]$，即：

$$\boldsymbol{z} = [\hat{e}_1, \hat{e}_2, \cdots, \hat{e}_L, \hat{d}_1, \hat{d}_2, \cdots, \hat{d}_L] \tag{6.8}$$

式 (6.8) 中，z 的大小是 $2L$，L 是卷积核的数量。令 $W_c \in R^{2L \times L}$，$b_c \in R^L$，则交互层的输出为：

$$I = f(W_c^{\mathrm{T}} * z^{\mathrm{T}} + b_c) \tag{6.9}$$

式 (6.9) 中，f 是一个非线性函数，如 ReLUs[184]。W_c^{T} 表示 W_c 的转置，z^{T} 表示 z 的转置。交互层的输出送入到下一层。

6.4.6 输出层

输出层计算实体 e 和引文 d 的相关性得分。令 $W_o \in R^{L \times 1}$，$b_o \in R^1$，定义相关性输出得分为：

$$\mathrm{score} = W_o^{\mathrm{T}} * I^{\mathrm{T}} + b_o \tag{6.10}$$

式 (6.10) 中，W_o^{T} 和 I^{T} 分别是 W_o 和 I 的转置。由此得分，定义实体–引文对 (e, d) 的条件概率为：

$$P(r = 1|e, d) = \sigma(\mathrm{score}) \tag{6.11}$$

其中，σ 是 Sigmoid 函数。

6.5 网络学习

大多数情况下，由于训练集中正例样本与负例样本的分布不均匀，因此，引入参数 γ，调整正例样本和负例样本误差代价的权重、平衡召回率和准确率。目标代价损失函数是训练数据的加权交叉熵。更具体地说，假定实体–引文训练集表示为 $T = \{(e_q, d_q)|q = 1, \cdots, N\}$，$R = \{r_q|q = 1, \cdots, N\}$ 为对应样本的相关性判断 (即，+1 或 0)，且每个样本都是独立生成的。则训练样本的加权交叉熵表示为：

$$
\begin{aligned}
L(\theta) = \sum_{q=1}^{N} \big[&r_q * (-\log(P(r_q|e_q, d_q))) * \gamma \\
&+ (1 - r_q) * (-\log(1 - P(r_q|e_q, d_q))) \big]
\end{aligned} \tag{6.12}
$$

式 (6.12) 中，$P(r_q|e_q, d_q) = \sigma(\mathrm{score}_q)(q = 1, \cdots, N)$ 是网络的输出式 (6.11)，θ 表示网络学习的参数集，使用批量随机梯度下降算法来优化[185]。

6.5.1 正则化

为了防止网络学习过拟合 (Overfitting)，在最大化池层的输出上使用 dropout[186] 方法。在前向–后向传播的过程中，以比例 $p \in [0, 1]$ 随机地丢弃

部分隐单元，阻止隐单元之间复杂的互耦合。更具体地说，给定式 (6.7)，

$$\boldsymbol{e}_{\max} = [\hat{e}_1, \hat{e}_2, \cdots, \hat{e}_L]$$
$$\boldsymbol{d}_{\max} = [\hat{d}_1, \hat{d}_2, \cdots, \hat{d}_L] \tag{6.13}$$

$\boldsymbol{r} \in \{0,1\}^L$ 是掩码随机向量，其中每个变量以概率 $p \in [0,1]$ 为 1，以 $1-p$ 的概率为 0。在网络的前向计算中，使用如下运算：

$$\boldsymbol{e}_{\max} \circ \boldsymbol{r} = [\hat{e}_1 * r_1, \hat{e}_2 * r_2, \cdots, \hat{e}_L * r_L]$$
$$\boldsymbol{d}_{\max} \circ \boldsymbol{r} = [\hat{d}_1 * r_1, \hat{d}_2 * r_2, \cdots, \hat{d}_L * r_L] \tag{6.14}$$

式 (6.14) 中，$\circ$ 是逐元素乘积运算。在后续的计算中，分别用 $\boldsymbol{e}_{\max} \circ \boldsymbol{r}$ 和 $\boldsymbol{d}_{\max} \circ \boldsymbol{r}$ 替换 $\boldsymbol{e}_{\max}$ 和 $\boldsymbol{d}_{\max}$。梯度只在未屏蔽的单元上反向传播。测试阶段，设置概率 $p=1$，表示所有的单元都参与计算。

6.5.2　超参数

DeepJoED 模型中，有 6 个超参数需要在模型的训练过程中进行确定，分别是 k、d_{win}、L、γ、p 和 batch_size。所有的超参数见表 6.1。

表 6.1　模型的超参数及其说明

超参数	说明
k	词向量的维度
d_{win}	卷积运算中窗口的宽度
L	卷积核的数量
γ	正样本的权重
p	dropout 的比例
batch_size	模型训练时每个样本批量的大小

6.6　DeepJoED 模型效果

6.6.1　数据集

选用 TREC-KBA-2012 数据集，对 DeepJoED 模型进行大量的比对实验，以测试所提模型的实际表现。TREC-KBA-2012 数据集由两部分数据组成。第一部

分包括 29 个目标实体，其中 27 个人物实体，2 个组织机构实体；第二部分由文本流语料库组成，分别来自新闻网站 (news)、社交媒体 (social) 和超链接 (linking) 对应的文本。文本流语料库组成大约占用 1.9 TB 的存储空间，包含 462 676 772 个文档，每个文档由唯一的 stream id 命名，表示文档的发表时间。文本流语料库经过过滤后，生成的工作集数据共包括 89 315 个样本，其中有 17 950 个训练样本、71 365 个测试样本。关于此数据集的详细情况参见第 2 章。

表 6.2 给出了实验使用 TREC-KBA-2012 数据的标注情况。

表 6.2   实验使用的标注数据统计

类型	Central	Relevant	Neutral	Garbage	总计
训练集	3 525	6 500	1 757	9 382	21 171
测试集	5 256	8 426	2 470	20 439	36 591

6.6.2　任务场景

根据实体–引文相关性分类任务的不同难度，利用实体–引文对不同的相关程度，设计不同的分类任务场景。由于识别与目标实体为 Central 的相关引文是实体–引文相关性分类的核心任务，因此，设计 Central Only 任务场景，该任务场景视实体–引文相关性分类任务为二分类问题，其中，标注为 Central 的实体–引文对作为正例样本，其他为负例样本。

6.6.3　度量指标

由于训练的是一个不考虑实体信息的全局模型，因此采用精确度 (Precision)、召回率 (Recall) 和最大宏平均 ($F1$) 作为模型的度量指标，这些度量指标对实体不敏感。换句话说，把所有实体–引文对样本放在一个测试池中，利用 TREC 提供的打分工具 KBAScore 计算 Precision、Recall 和 F_1。具体来说，首先，对于测试池中的每个实体–引文对样本，缩放其相关性得分到 $[1, 1000]$ 之间。然后以一定的步长从 1 开始递增，每次递增将得到一个阈值 (介于 1 到 1000 之间)，利用此阈值，对测试池中的所有样本进行分类，大于阈值的样本为正例样本，小于等于阈值的样本为负例样本。第二步利用测试集的真实标注结果，计算每个阈值对应的 Precision、Recall and F_1。最后，选择相对于阈值最高的 F_1 作为 $F1$，以及与此 $F1$ 相关的 Precision 和 Recall 作为模型的最终度量指标。

6.6.4 实验设置

除了输出层使用 Sigmoid 非线性激活函数外，其余层都使用 RELU 非线性激活函数。对于模型使用的超参数 (表 6.1)，设置 $d_{\text{win}} \in \{3, 4, 5\}$；针对每个窗口宽度 d_{win}，采用 128 个卷积核；设置批量大小 batch_size = 64；另两个参数 γ 和 dropout 的比例 p 分别取：

$$\gamma \in \{1.0, 1.5, 2.0, 2.5, 3.0, 5.0, 7.0, 10.0\}$$

和

$$p \in \{0.2, 0.3, 0.4, 0.5, 0.6, 0.7, 0.8, 0.9, 1.0\}$$

组成二维搜索格子。在 TesnorFlow[①]平台上，采用 Adam 算法，设置学习速率为 $le-3$，使用随机梯度下降算法对模型进行学习。

6.6.5 预训练词向量

在对原始数据集清洗后，构建基于实体主页和引文的字典。选择最常用的词，保持字典的长度为 150 000。其中，字典的第一个词为 "unknow"。建立词典后，分别表示实体主页的文本和引文文本为字典的索引序列，当文本中出现不在字典中的词时，用 "unknow" 代替。使用 skip-gram 模型[98]在数据集上训练词向量，设置词向量的维度分别为 $\{64, 128, 200, 250, 300\}$，得到 5 个不同的词向量集。

为了从语义的角度展示预训练词向量的效果，给定 5 个词 Tuesday、January、government、people 和 email，在词向量模型的学习迭代过程中，选择与给定词距离最近的前 3 个词，表 6.3 列出了给定词在不同迭代步时的不同结果。例如初始化时，与 Tuesday 最近的词分别是 flashbacks、month-over-month 和 votel，但是迭代 200 000 次后，同 Tuesday 最近的前 3 个词为 Monday、Wednesday 和 Friday。显然在迭代 200 000 次后，前 3 个词确实与 Tuesday 从语义的角度最接近，从而词向量能够表达词的语义。

表 6.3　给定词在不同迭代步时距离最近的前 3 个词

迭代次数	Tuesday	January	government	people	email
初始化	flashbacks	assistant	putsch	military-style	duraev
	month-over-month	utm_medium=web	"classic"	1481	shawne
	votel	thanks	decâ	community	'patriarch

---

① 采用数据流图（Data Flow Graphs）进行数值计算的开源软件库。

迭代次数	Tuesday	January	government	people	email
50 000	beverage	February	leader	don't	e-mail
	monday	March	federal	them	share
	rodrigo	November	window	you	your
100 000	Monday	february	leader	you	e-mail
	Friday	march	federal	them	subscribe
	Saturday	april	window	don't	friend
150 000	Monday	February	federal	them	e-mail
	Friday	March	authorities	person	subscribe
	Wednesday	April	displaying	don't	tweet
200 000	Monday	February	federal	citizens	e-mail
	Wednesday	March	authorities	them	tweet
	Friday	April	displaying	americans	subscribe

6.6.6 实验方法

通过大量比对实验测试 DeepJoED 模型的实际效果。① 基线：使用文档向量特征，分别做支持向量机和余弦相似度分类模型，以此两个模型为基线。② DeepJoED 模型变种：根据词向量在模型学习过程中是否更新，以及不同类型词向量的不同组合方式，设计了 6 个 DeepJoED 模型的变种，来评测 DeepJoED 模型的有效性。

- 动态单通道实体–引文联合深度神经网络的分类模型 (D_DeepJoED)。单通道 DeepJoED 模型的一变种，首先用 Skip-gram 模型对整个数据集训练词向量，然后把预训练好的词向量引入 DeepJoED 模型，在 DeepJoED 模型学习的过程中，同时学习词向量，即动态更新预训练的词向量。
- 静态单通道实体–引文联合深度神经网络的分类模型 (S_DeepJoED)。该模型是单通道 DeepJoED 模型的一变种，首先对整个数据集用 Skip-gram 模型训练词向量，其次把预训练好的词向量引入整个框架模型，在 DeepJoED 模型学习时，不再更新预训练的词向量，即保持预训练词向量不变。
- 随机单通道实体–引文联合深度神经网络的分类模型 (R_DeepJoED)。该模型是单通道 DeepJoED 模型的一变种，首先对整个数据集生成的字典用随机初始化的方式生成词向量。其次把随机生成的词向量引入 DeepJoED 模型，在 DeepJoED 模型学习时，更新随机生成的词向量，即动态更新词向量。

- 动随双通道实体–引文联合深度神经网络分类模型 (DR_DeepJoED)。双通道 DeepJoED 模型的变种，该模型使用两种词向量，一种是对数据集使用 Skip-gram 模型学习得到的词向量，另一种是对字典中的词进行随机初始化得到的词向量。实体和引文的文本序列分别使用上述两类词向量，构成双通道的输入矩阵。当模型学习其他参数时，上述两类词向量也进行学习更新。

- 动静双通道实体–引文联合深度神经网络的分类模型 (DS_DeepJoED)。双通道 DeepJoED 模型的一变种，对数据集使用 Skip-gram 模型得到预训练词向量，实体和引文的文本序列分别重复使用上述预训练的词向量，构成双通道的输入矩阵。当模型学习其他参数时，只更新一个通道的词向量，另一个通道对应的词向量保持不变。

- 静随双通道实体–引文联合深度神经网络的分类模型 (SR_DeepJoED)。双通道 DeepJoED 模型的另一变种，首先对数据集使用 Skip-gram 模型训练得到预训练的词向量，接着对数据集字典中的词进行随机初始化词向量。实体和引文的文本序列分别使用上述两类词向量，构成两个通道的输入矩阵。模型学习时，保持预训练词向量不变，只更新随机初始化得到的词向量。

- 基于文档向量的支持向量机模型 (Dov2Vec_SVM)。首先对数据集中的实体主页和引文文档使用 skip-gram 模型分别生成 128 维的实体向量和引文向量；然后以此向量为特征，应用支持向量机 (SVM) 对实体–引文进行分类。该模型作为实验的一个基线。

- 基于文档向量的 Cos 相似度分类模型 (Doc2Vec_CosSim)。首先对数据集中的实体主页和引文文档，使用 skip-gram 模型，分别生成 128 维的实体向量和引文向量；然后以学习到的向量作为特征，应用余弦相似度模型进行分类。该模型作为实验的另一基线。

为了进一步比较 DeepJoED 模型的实际表现，引入在 TREC-KBA-2012 数据集测评中取得前 3 名成绩的方法作为参考。

- 2-step J48[67]。该模型是两步分类方法，第一步对整个文本数据流进行过滤，过滤文本中出现目标实体指称的文本。第二步，对过滤得到的所有包括目标实体指称的文本，使用 J48 决策树分类模型对其进行分类。

- HLTCOE[11]。该方法首先使用词袋模型 (Bag-of-Words) 和实体名袋模型 (Bag-of-Entity-Names)，把文档表示成特征向量，其权值使用独热 (one-hot) 表示，文档中出现的词为 1，未出现为 0；其次把得到的特征向量输入支持向量机进行分类。

- Random Forest[14]。该模型是点排序学习方法，由 Balog 和 Ramampiaro 2013 年在 SIGIR 会议上提出。该模型使用了丰富的人工设计特征集，包括 68 个特征。相对于其他方法，该方法在 TREC-KBA-2012 数据集上获得了良好的性能表现。

为了验证嵌入特征与传统人工特征在实体–引文相关性分类任务中的作用，增加嵌入特征与人工特征组合的实验称为 D2HC_DeepJoED 模型。在 D_DeepJoED (此方法已取得最好的性能) 模型的交互层，对嵌入特征与人工特征进行拼接，然后把拼接后的向量送入输出层，计算实体–引文的相关性得分。选择的人工特征包括实体与引文的语义特征和目标实体的时序特征见表 6.4。这些人工特征已经取得了良好效果[11]。

表 6.4　实体–引文的语义和时序特征

特征	定义
$N(e_{rel})$	目标实体 e 主页中出现相关实体 e_{rel} 的个数
$N(d, e)$	目标实体 e 在引文 d 中出现的次数
$N(d, e_{rel})$	目标实体的相关实体 e_{rel} 在引文 d 中出现的次数
$FPOS(d, e)$	目标实体 e 在引文 d 中第一次出现的位置
$FPOS_n(d, e)$	用引文 d 的长度对目标实体 e 在引文 d 中第一次出现位置进行归一化
$LPOS(d, e)$	目标实体 e 在引文 d 中最后一次出现的位置
$LPOS_n(d, e)$	用引文 d 的长度归一化目标实体 e 在引文 d 中最后一次出现的位置
$Spread(d, e)$	目标实体 e 在引文 d 中的传播速度：$LPOS(d, e) - FPOS(d, e)$
$Spread_n(d, e)$	用引文 d 的长度归一化传播速度 $Speed(e, d)$
$Burst(e, d)$	引文 d 在目标实体 e 突发期的权值

6.6.7　结果及分析

所有比对实验的结果见表 6.5。需要说明的是，表 6.5 中关于 DeepJoED 的所有模型，其词向量的维度为 128。

相对于基线 Dov2Vec_SVM 和 Doc2Vec_CosSim，所有 DeepJoED 模型的变种取得了相当高的 $F1$ 值。与 Dov2Vec_SVM 和 Doc2Vec_CosSim 相比，表现最好的模型 D_DeepJoED 将 $F1$ 分别提高了 18% 和 60%，表现最弱的模型 DS_DeepJoED，在 $F1$ 得分的度量下，分别有 8% 和 46% 的提升。这充分说明，相对于引文向量 (Doc2Vec)，其建模词级别的语义特征，DeepJoED 模型能够有效捕获实体与引文的潜在特征，对实体–引文相关性分类性能有显著的提升。

表 6.5 实 验 结 果

方法	Central Only		
	Precision	Recall	$F1$
2-step J48	0.243	0.715	0.362
HLTCOE	0.310	0.527	0.391
Random Forests	0.369	0.563	0.444
Doc2Vec_SVM	0.291	0.616	0.395
Doc2Vec_CosSim	0.171	0.969	0.290
D_DeepJoED	0.387	0.578	**0.464**
S_DeepJoED	0.356	0.608	0.449
R_DeepJoED	0.369	0.532	0.436
D2HC_DeepJoED	0.386	0.602	**0.470**
DS_DeepJoED	0.332	0.601	0.428
DR_DeepJoED	0.349	0.648	0.454
SR_DeepJoED	0.358	0.556	0.436

对于给定的 3 个参考模型,这些模型专门针对实体–引文相关性分类任务来设计特征。同时这 3 个参考模型使用了强大的机器学习算法,其实验结果列在表 6.5 中的第二块区域。与这 3 个参考模型相比,DeepJoED 模型在大多数情况下实验结果表现优秀。对于 2-step J48 和 HLTCOE 方法,DeepJoED 模型的所有变种取得相当可观的性能增益。与 Random Forests 方法相比,D_DeepJoED 模型将 $F1$ 提升了近 5%,虽然 Random Forests 方法使用了许多专门为任务设计的强大特征。通过此结果,说明 DeepJoED 能够自动学习实体与引文潜在的语义特征,而且以端到端的方式进行自动学习,无须其他环节。

由于训练集数据规模较小,本来预期相对于单通道的 DeepJoED 变种,双通道 DeepJoED 的变种将缓解过拟合问题,能够取得较好的实验效果。但是,通过实验可以发现单通道的 DeepJoED 模型实际表现好于双通道的 DeepJoED 模型,见表 6.5 的第 4 和第 5 区域,这可能是双通道模型的参数规模多于单通道模型所引起的。另外,DR_DeepJoED 模型的实际表现超过 DS_DeepJoED 和 SR_DeepJoED 模型,表明预训练词向量组合随机初始化词向量得到的模型更具有鲁棒性。

对于单通道 DeepJoED 模型的变种,实验结果列在表 6.5 的第 4 区域中。从实验结果可以发现,静态预训练词向量模型 S_DeepJoED 好于随机初始化词向量模型 R_DeepJoED,而动态预训练词向量模型 D_DeepJoED 又好于 S_DeepJoED

模型。通过这些实验，验证了 DeepJoED 模型的设想：① 预训练词向量能显著提升 DeepJoED 模型的分类性能；② 在 DeepJoED 模型学习时，动态更新预训练的词向量也能提高 DeepJoED 模型的分类效果。

对于 D2HC_DeepJoED 模型，除了在交互层融合嵌入特征与人工抽取的特征之外，其他配置与 D_DeepJoED 模型完全相同。但是从实验结果 (表 6.5 的第 4 区域) 看，相对于 D_DeepJoED 模型，D2HC_DeepJoED 模型只稍稍提高了 $F1$ 得分。通过这个实验结果，表明 D_DeepJoED 模型能够自动学习潜在的实体–引文特征，即对于人工设计的特征表 6.4 而言，大部分信息已经被模型学习到了。

6.6.8　词向量维度的影响

为了展现不同维度词向量对 DeepJoED 模型的影响，选择性能表现最好的 D_DeepJoED 模型作为参照模型，通过变化词向量的维度，观察模型 D_DeepJoED 实验结果的变化情况。表 6.6 列出了 4 个不同词向量维度的实验结果。通过此实验，可以发现，当词向量维度发生变化时，模型 D_DeepJoED 的 $F1$ 值没有明显的变化。由此，可以得出，对于实体–引文相关性分类任务，深度学习网络模型的词向量维度为 128 就足够了，无须太大的词向量维度。

表 6.6　不同词向量维度的 D_DeepJoED 模型实验结果

方法	Central Only			
	词向量维度	Precision	Recall	$F1$
D_DeepJoED	64	0.353	0.627	0.452
D_DeepJoED	128	0.387	0.578	**0.464**
D_DeepJoED	200	0.391	0.556	0.459
D_DeepJoED	250	0.359	0.588	0.446

6.7　本章小结

面向百科知识库的实体–引文相关性分类任务是从文本大数据流中发现与目标实体重要相关的引文。已有的研究方法着眼于，如何设计有效的特征，如何选择合适的机器学习模型。通过设计有效的人工特征，使用强大的机器学习算法，已有的模型在实体–引文相关性分类任务上取得了优异的性能增益。然而，设计有效的人工特征，需要领域专家花费大量的精力才能达到相对满意的效果。实体–引文联合深度神经网络的分类模型 (DeepJoED)，自动从实体主页和引文文本中学习二者的分布式表示，并对其进行分类。DeepJoED 模型以端到端的方式进行学习和分类，且适宜于在线学习。

DeepJoED 模型先由两个并行共享权值的卷积神经网络组成，来建模实体与引文的分布式表示特征；然后耦合两个并行网络，构成交互层，映射实体与引文的分布式表征到同一空间中，以便做进一步的处理；最后使用标准的神经网络对交互层的输出产生实体–引文的相关性得分。模型的优化目标是加权的交叉熵代价损失函数，利用批量随机梯度下降对模型进行学习。使用 TREC-KBA-2012 公开数据集进行测试，通过实验发现，DeepJoED 模型相对于其他参考模型，在实体–引文相关性分类任务上有显著的性能提升。从而表明，深度网络模型能够并行地学习实体和引文的分布式特征，并且进行有效分类。

[评注]

本章的内容主要取自作者发表在《Cluster Computing》期刊上的文章[187]。运用深度学习来解决自然语言处理相关问题是目前研究的热点，研究尝试使用嵌入表示法（Embedding representation）表示词，提出 DeepJoED 框架来解决累积引文推荐问题，给此类问题提供了一个新思路。

第 3—6 章研究了实体–引文相关性分类方法，从特征和模型两个方面，对分类任务进行了分析和研究。在已有工作的基础上，从 4 个方面对实体–引文相关性的分类任务进行了深入细致的研究，所提出的四种模型比较见表 6.7。

表 6.7 四种模型比较

模型	主要特点	优点	适宜情况
基于实体突发特征的文本表示模型	建模实体 (e) 的突发特征，对实体–引文对 (e, d) 的时序特征和语义特征进行组合，为每个实体学习一个逻辑回归分类模型	既考虑了实体的突发特征，又建模了实体和引文的语义特征	每个实体具有描述其动态特征的数据，同时实体要有相对充足的标注数据
实体–引文类别依赖的判别混合模型	把实体和引文的特征分为两类：① 实体与引文的类别特征；② 实体与引文的语义、时序特征。使用判别混合模型把实体–引文的两类特征组合起来	考虑了实体和引文的类别先验信息，对所有实体建立一个判别混合模型，能处理未知实体的引文分类任务	实体和引文有类别特征，以及有实体–引文的时序、语义特征

模型	主要特点	优点	适宜情况
偏好增强的支持向量机模型	把偏好信息融合在支持向量机中，构建分类和排序组合的优化目标，利用扩展的 SMO 算法求解模型。提出二层启发式抽样算法提取偏好样本	充分挖掘已有标注数据蕴含的分类与排序信息	偏好数据容易构建，实体和引文能抽取它们的语义、时序等特征
实体–引文联合的深度网络分类模型	利用词向量构建实体和引文词序列的并行深度卷积神经网络，建模实体和引文的特征。耦合实体和引文的并行网络，并增加分类网络层	无须设计和抽取特征，系统自动学习实体和引文蕴含的特征并进行分类，以端到端的方式进行学习和分类	有充足的标注数据

　　总体而言，保持百科知识库的时效性是一个困难而又重大的任务，特别是其核心任务——实体–引文相关性分析更是一个艰巨的任务，仍然有很多方面需要进一步的研究和发现。

第 7 章　引文推荐冷启动问题

7.1　引言

冷启动问题（Cold Start）广泛存在于各种推荐任务中，比如在产品推荐任务中，协同过滤算法是使用最为广泛和成功的推荐技术之一。但是如果一个新产品在评分矩阵中没有任何用户对其进行评价，或者是一个新用户在评分矩阵中没有对任何产品进行过评价，则无法使用协同过滤方法进行产品推荐[188, 189]。

累积引文推荐任务中也存在两类冷启动问题：一是目标实体没有任何训练数据，在训练集中没有关于该目标实体的标注文档；二是目标实体在知识库中还不存在主页。

第 3 章介绍的实体类别依赖的混合判别模型可以处理第一种冷启动问题。本章主要研究第二种冷启动问题，因为累积引文推荐任务中的目标实体往往是从维基百科等在线知识库中选取的，因此目标实体在知识库中已经有自己的主页（Profile）。从实体知识库主页中可以抽取建立相关性模型所需的各种特征，如第 2 章中介绍的语义相似度特征和第 3 章中介绍的基于突发的时序特征等。如果目标实体不从知识库中选取，而从网络文档流中选择，目标实体可能还未被编辑进知识库中，即在现有知识库中不存在该目标实体的主页，则引文推荐任务面临第二种冷启动问题。

在 TREC-KBA-2014 评测[10]中，给定的目标实体不再是从在线知识库中选择，而是直接从文档流中选择，其中有些实体在维基百科等在线知识库中还不存在主页。现有的英文维基百科中实体数量只有百万量级，网络文档中存在大量未收录进知识库的实体。因此，冷启动问题是知识库引文推荐系统规模化应用之前必须解决的问题。

第 2 章中在 TREC-KBA-2013 数据集上的实验结果也说明了这个问题，如在表 2.11 中的结果所示，在 Vital Only 任务中，查询扩展方法 QE 在维基百科实体上实现了 0.288 的 $F1$，但是在推特实体（没有维基百科主页，只有推特主页）上只实现了 0.257 的 $F1$。但是通过伪引文抽取算法为推特实体扩展特征空间之后，QEP 在推特实体上的 $F1$ 提高到 0.274，达到与维基百科实体相当的水平。同样，在 Vital + Useful 任务中，QEP 的表现也明显好于 QE。

冷启动引文推荐主要面临以下挑战：① 实体的识别和消歧。因为目标实体在知识库中不存在主页，所以文档中出现该实体的指称时，需要判断该指称是指该目标实体本身，还是指与目标实体重名的其他实体，唯一可用的信息就是目标实体在文档中的上下文，使实体消歧变得困难。② 特征向量稀疏问题。前文介绍的全局判别模型和混合判别模型都需要使用实体–文档对特征，其中的语义相似度等特征需要从目标实体的知识库主页抽取，而冷启动情况下这部分特征无法抽取，导致特征空间稀疏，需要设计新的特征来弥补这一不足。

本章将首先介绍冷启动引文推荐任务，分析实体 Vital 相关文档的特点；随后提出一种基于实体相关事件的语句聚类和语句级别特征抽取的排序学习相关模型，并为其设计 3 种新特征，包括发表时间范围（Time Range）、头衔/职业特征（Title/Profession Feature）和动作模式（Action Pattern）；最后使用 TREC-KBA-2014 数据集测试相关性模型是否能较好地解决冷启动引文推荐任务。

7.2　冷启动引文推荐定义

给定一组知识库实体 $\mathcal{E} = \{e_u\}(u = 1, \cdots, M)$ 和文档集合 $\mathcal{D} = \{d_v\}(v = 1, \cdots, N)$，引文推荐系统的目标是估算文档 d 与实体 e 之间的相关性，也即 d 是否有可能作为 e 的引文被编辑到知识库中。沿用 TREC-KBA 评测对引文推荐任务的定义，引文推荐系统需要为每个实体–文档对生成相关性打分 $r(e, d), (r(e, d) \in (0, 1000))$，$r(e, d)$ 的值越大，文档越有可能作为实体的引文被添加到知识库中。冷启动情况下，目标实体 e 在知识库中不存在主页，但是会出现在文档集 $\mathcal{D}$ 中。

[定义 9] 冷启动引文推荐　目标实体 e 在知识库中不存在主页（Profile），但是 e 在文档数据流中出现，并且以 e 第一次出现的时间开始为其进行引文推荐，被推荐的引文将用来生成其主页内容。

需要注意的是，冷启动引文推荐中，虽然目标实体在知识库中还不存在主页，但是训练数据集中会有关于该实体相关文档的标注。

7.3　Vital 文档特点

数据集中关于目标实体的 Vital 文档的特点，主要包括以下三个方面。

① 描述目标实体的内容通常出现在文档某句或者某段而不是全文，许多 Vital 文档中的某句话描述了目标实体的相关事件或新闻，而该事件确实是与实体高度相关的，包含了有关目标实体的关键信息。

② 如果一篇文档中描述了实体参与的相关事件，则该事件的发生时间和该文档的发表时间之间的范围对于实体–文档相关性判断非常关键。因为与目标实体高度相关的事件会短时间内被文档流中大量文档提及，在引文推荐任务中，只有最早报道事件的文档才能被作为引文推荐给知识库。如果一篇报道相同事件的文档出现在事件发生几天以后，该文档一般不会被作为 Vital 文档推荐，除非该文档中还包含关于目标实体的新信息。如果将发表时间在某一时间段内的文档中语义相近的提及目标实体的句子进行聚类，形成的句子簇可以认为是描述同一事件的事件簇。假设句子所在文档的发表时间作为该句描述事件的发生时间，则一个事件簇中发表时间最早的句子所在文档的发表时间作为该事件的开始时间。同一事件簇中，发表时间早的句子所在文档比发表时间晚的句子所在文档更可能是 Vital 文档。

③ 目标实体在文档中是否参与某种动作或者行为，是判断该文档 Vital 与否的重要特征。训练集中被标注为 Vital 的文档绝大部分都包含了目标实体参与动作或行为的内容。如果目标实体在文档中参与了某种动作，则这个文档很可能是 Vital 文档；相反，如果一篇文档中仅仅是简单提及目标实体，没有关于目标实体的动作信息，则该文档不太可能是 Vital 文档。

7.4 相关性模型

针对冷启动引文推荐任务的特点，一种基于实体相关事件的聚类和文档排序结合的相关性模型流程如图 7.1 所示。

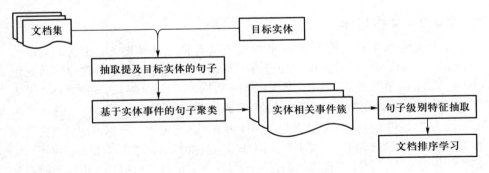

图 7.1 冷启动引文推荐模型流程图

7.4.1 基于实体相关事件的语句聚类

因为文档中与目标实体高度相关（Vital）的信息往往出现在某句话或者某个段落中而不是全文中[10, 13]，不同于传统引文推荐任务中以整个文档作为特征抽取对象，本章以实体所在的语句作为特征抽取对象。如果以整个文档为单位来抽取特征，文档中除了实体相关内容，也可能包含许多无关内容，在本来已经稀疏的特征向量中加入这些无关信息势必会影响进一步的相关性判断。

此外，第 3 章中使用了基于突发的时序特征，直观原因是与目标实体高度相关的事件或者新闻出现时，相应时间段内文档流中会出现大量相关文档，相应地，每篇相关文档中会出现描述该事件的语句，需要从文档中抽取这些语句形成实体相关事件簇，具体做法如下：

① 从文档流中抽取提及目标实体的所有语句。

② 使用 K 均值（K-means）[190] 算法对这些语句进行聚类，聚类结果中聚到一个簇中的语句表示一个实体相关的事件，称为实体相关事件簇。

③ 对于文档流中新出现的语句，首先计算该句与已有事件簇的语义相似度，如果相似度大于预设的阈值，说明该句内容也与该事件相关，将该句加入对应的事件簇；否则，该句单独形成一个新簇，表示一个新的实体相关事件。

给定知识库目标实体和候选文档的训练数据，首先从文档中抽取提及目标实体的语句，并从该句中抽取相关特征训练相关性模型。给定要判断的实体–文档对，利用训练好的模型对文档中包含目标实体的语句做相关性判断，最后选择文档中相关打分最高的语句的打分作为整篇文档的相关性打分。

7.4.2 文档排序

因为实体和文档之间不同的相关程度具有良序性（即 Vital > Useful > Neutral > Garbage），引文推荐任务可以视为排序学习问题。微软亚洲研究院 Jiang 等人的工作证明在 TREC-KBA-2014 数据集上排序学习的方法要好于分类方法[13]，故采用排序学习方法实现实体–文档相关性模型。

因为 TREC-KBA-2014 数据集中保证每个实体都有训练数据，为每个实体单独训练一个相关性模型。已有研究证明基于随机森林的排序方法效果较好[12, 14]，相关性模型也选择基于随机森林的排序学习方法，使用 RankLib①中的随机森林排序学习方法为每个目标实体训练相关性模型。

---

① 开源的学习排序（Learning to rank）算法库。

7.5　特征选择

冷启动情况下，目标实体知识库中不存在主页，前文所述的全局判别模型和混合判别模型使用的某些特征将无法计算，如第 2 章中使用的语义相似度特征需要计算候选文档和目标实体知识库主页之间的余弦相似度和 Jaccard 相似度，时序特征中需要目标实体的知识库主页被访问的日（时）均次数计算目标实体的突发周期和突发值。为了避免特征向量过于稀疏导致相关性模型性能不佳，需要为其扩展新的特征。

7.5.1　时间范围特征

时间范围（Time Range）特征主要考虑文档发表时间对于实体–文档相关性判断的影响。对于描述同一目标实体相关事件的新闻文档（即同一事件簇内），发表时间越早的文档是 Vital 文档的概率越大，发表时间越晚的文档是 Vital 文档的概率越小，因此可以设置与发表时间相关的惩罚值作为特征。对于聚类在同一事件簇内的文档，发表时间越晚的文档被赋予的惩罚值越大。

在特征向量中加入一维表示文档发表时间的特征值，每个事件簇中发表时间最早的文档对应的特征值为 1.0，发表时间晚的文档特征值随发表时间衰减，可以用式 (7.1) 中的衰减函数来表示，

$$\mathrm{tr}(d_i) = 1.0 - \frac{h_i - h_0}{72} \tag{7.1}$$

其中，h_0 表示事件簇中最早文档 d_0 的发表时间，h_i 是该事件簇中第 i 篇发表文档 d_i 对应的时间，72 是预设的衰减系数 3 d（即 $24 \times 3 = 72$ h）。因为 TREC-KBA 对于 Vital 和 Useful 文档的区别提出一种启发式判断方法，描述同一实体相关事件的文档出现在事件发生 3 天之后就不再是 Vital 文档，只是 Useful 文档，因此选择 3 天作为时间范围特征的衰减系数。

7.5.2　头衔/职业特征

文档流中可能出现目标实体的重名实体，在冷启动引文推荐中，由于目标实体没有知识库主页，需要利用实体所在的文档本身信息和少量标注数据来解决实体识别和消歧问题。

实体头衔/职业 (Title/Profession) 特征，是从实体出现的文档中抽取目标实体的头衔（Title）和职业（Profession）信息用于消歧。通过观察文档流数据发现，当目标实体出现在文档中时，该实体的头衔、职业等信息通常也会出现在上

下文中，以便于读者理解。例如，目标实体 Bill Templeton 在文档流中两篇文档中均有出现，如图 7.2 所示目标实体上下文表明了 Bill Templeton 的职业是 Lions coach，而图 7.3 中目标实体上下文表明了 Bill Templeton 的职业是 PASA 协会的 organizer。

Even with a loss, Kamiakin will get the No. 2 seed (if Hanford beats Southridge) or face a tiebreaker.

Kennewiek has perhaps the busiest week ahead, not only because the Lions face two-time defending league champ Kamiakin, but also for the potential distractions of Senior Night and Homecoming weekend. But if the Lions can beat the Braves and Hanford tops Southridge, they will share file inaugural MCC championship with Kandakin and Hanford and earn the No. 1 playoff seed.

"We are focused on plaving a very good Kandakin team. All the other stuff' matters not," Lions coach Bill Templeton said.

图 7.2 数据集中提及实体 Bill Templeton（coach）的一篇文档

"We had help from a group of employees of Home Depot in Honesdale who donated their time preparing the raised beds and providing some the garden equipment," Jose said. "The wood that frames the beds was sawed by the middle school students in their wood shop class."

"It's a wonderful way to teach the children the growing process, to learn about it in the classroom and then come out in the real garden and actually do it," said Kim Modrovsky, a member of the PTA board.

"It's great to see kids eat healthily by growing their own product and encourage buying produce locally," said Richelle Stevens of Stevens Pharmacy, whose son was in the program last year.

"We want to develop a garden in every school in the district," said Bill Templeton, an organizer for the local chapter of Pennsylvania Association of Sustainable Agriculture (PASA). "We started a garden in the high school today."

图 7.3 数据集中提及实体 Bill Templeton（organizer）的一篇文档

如果目标实体属于热门实体，如知名人物或组织等，上下文中关于该实体的职业信息可能会省略，热门实体通常已经有知识库主页，但是冷启动引文推荐任务中的目标实体大部分都是非热门实体，保证可以从目标实体上下文中会有头衔和职业信息可供抽取。

从目标实体首次出现的文档中抽取头衔/职业信息作为该目标实体的基准信息，然后从提及该目标实体的候选文档中抽取头衔/职业信息，两者之间的语义相似度可以作为一维特征向量。

给定目标实体和文档，抽取头衔和职业信息构建头衔/职业向量的具体流程如下：

① 从 Freebase 知识库中抽取头衔和职业词典，总共包含 2294 个头衔和 2440 个职业词。

② 使用头衔和职业词典中的词项构成特征向量。

③ 在文档中目标实体出现位置的上下文中使用大小为 n 的滑动窗口（$n=5$），

出现在窗口范围内的词如果在头衔/职业词典中，则对应特征向量中取值为 1，否则为 0。

为了计算实体的头衔/职业向量和候选文档的头衔职业向量之间的语义相似度，需要根据训练语料为目标实体建立头衔/职业向量，根据图 7.1 所示的冷启动引文推荐流程，从实体首次出现的文档和训练数据中标注为 Vital 的文档抽取目标实体的头衔/职业向量。

在训练和排序过程中，对于每个实体–文档对，首先从该文档中抽取头衔/职业向量，然后计算该向量与目标实体的头衔/职业向量之间的余弦相似度和 Jaccard 相似度作为头衔/职业特征。

7.5.3 动作模式特征

绝大部分 Vital 相关的文档包含了描述目标实体参与的事件或者动作的语句或者段落，比如 "scored a goal" "read a poetry in public" 等。根据这一现象，实体在文档中是否参与某种行为，即动作模式（Action Pattern）特征是该文档是否为 Vital 文档的重要标志。如果目标实体在文档中参与了某种动作或者行为，实体通常作为动作的发出者或者是承受者，在句子中起到主语或者宾语的成分。

自然语言处理领域的实体关系抽取技术可以用来解决这一问题。关系抽取是自动识别文本中的一对概念（实体）和联系这对概念（实体）的关系构成的相关三元组[191]。通过 Reverb[192] 抽取句子中的实体关系三元组，如果目标实体是三元组的主语或者宾语部分，则认为该实体参与了某种动作或者行为。Reverb 是当前效果最好的开放领域关系抽取工具，能覆盖超过 70% 的开放领域关系[193]。Reverb 抽取的关系表示为三元组 <subject, verb, object>，满足抽取实体动作模式的需求。表 7.1 给出了 Reverb 在几个句子中三元组抽取结果。

表 7.1 Reverb 三元组抽取实例

提及目标实体的语句	三元组
Schools Chief **Randy Dorn** Announces Re-Election Bid.	<Randy Dorn, Announce, re-election bid>
State School Superintendent **Randy Dorn** is now requiring all school employees to be background-checked every quarter.	<Randy Dorn, Require, Employees>
State Superintendent of Public Instruction **Randy Dorn** should not make such a mistake.	<Randy Dorn, Make, Mistake>

提及目标实体的语句	三元组
Grant Meyer gave notice last week of his intent to ask council to send a letter to **BNSF Railway** outlining support for the City of Blaine's efforts to revive the station as a stop on the Vancouver-to-Seattle Amtrak service.	\<Council, Send a letter to, BNSF Railway\>
Both Health Minister **Leona Aglukkaq** and Public Safety Minister Vic Toews resign and Prime Minister Stephen Harper declare a state of emergency in Brantford.	\<Leona Aglukkaq, Resign, ∼\>
WA Lands Commissioner **Peter Goldmark** answers some questions.	\<Peter Goldmark, Answer, Question\>
Sarah McLachlan lends her voice to **Rick Hansen** event	\<Sarah McLachlan, Lend, Rick Hansen\>

给定一个目标实体，从文档中抽取出提及该实体的句子之后，使用 Reverb 从句子中抽取三元组，对每个三元组，定义两种动作模式特征："entity + verb" 和 "verb + entity"，分别对应目标实体作为主语和宾语的情况。以句子 "Public Lands Commissioner Democrat Peter Goldmark won re-election" 为例，Reverb 抽取出的三元组为 \<Peter Goldmark, won, re-election\>，对应的动作模式可以表示为 "Peter Goldmark win"。在特征向量表示中，每种动作模式表示为一维特征，如果文档（句子）中包含一个动作模式，对应的特征取值为 1，否则特征值为 0。

7.6 模型调整

TREC-KBA-2014 评测要求提交的引文推荐系统输出文档与目标实体之间的相关性打分，分值介于 0 与 1000 之间。采用两个指标来评测系统的性能，包括 $F1 \equiv \max(F_1(\mathrm{avg}(P), \mathrm{avg}(R)))$ 和 $\max(SU)$。为了统一比较不同方法的效果，对于每种方法，依次从 0 到 1000 按一定步长选取相关阈值（cutoff），相关性分值高于阈值的文档是与目标实体相关的文档，低于阈值的文档是与实体不相关的文档，选择实现最高 $\max(F_1(\mathrm{avg}(P), \mathrm{avg}(R)))$ 的步长作为该方法的相关性阈值。

首要评测指标 $\max(F_1(\mathrm{avg}(P), \mathrm{avg}(R)))$ 计算过程：对于目标实体 e_i，根据选定的阈值 c，分别计算分类的准确率 $P_i(c)$ 和召回率 $R_i(c)$，然后计算数据集中所有目标实体的宏平均准确率 $\mathrm{macro\_avg}(P) = \frac{\sum_{i=1}^{N} P_i(c)}{N}$ 和宏平

均召回率 $macro\_avg(R) = \frac{\sum_{i=1}^{N} R_i(c)}{N}$，其中 N 表示目标实体的数量。因此，$(F_1(avg(P), avg(R)))$ 是关于阈值 c 的函数，从中选取使得 $(F_1(avg(P), avg(R)))$ 值最大的阈值作为该系统的相关性判断阈值。使用相同的方式可以计算出 $max(SU)$。

相关性模型为每个目标实体都训练了单独的排序模型，不同的排序模型可能在不同的相关阈值下实现最好的 $F1$ 值。例如，目标实体 A 实现最好 $F1$ 的相关性阈值是 900，而目标实体 B 实现最好 $F1$ 的阈值是 500，最终实现整体效果最优的阈值可能是 700，在这种情况下，实体 A 和 B 的评价结果都不是最好的，不能反映相关模型的真实水平。

为了反映模型的真实表现，需要分别计算不同实体在不同阈值下的 $F1$ 值。考虑到目标实体集合中有 38 个不同实体，可能的最优阈值取值范围 [0,1000]，穷举计算每种组合的方法太过耗时，在实际中不可行。提出一种简单全局调整策略，使用每个实体的训练数据来调整相关模型对文档的打分，使得该模型在给定的阈值下（如 500）实现最好的 $F1$，对每个实体排序都做这样的调整之后，就能保证每个实体的相关性排序模型都是在给定阈值下实现了最好的 $F1$，经过这样的调整，全局计算的结果也能反映模型的真实水平。

7.7 实体引文推荐冷启动模型效果

7.7.1 数据集

因为 TREC-KBA-2013 数据集中的 141 个目标实体均在已知知识库中存在（维基百科或者推特），不适用冷启动引文推荐任务。所以，采用 TREC-KBA-2014 数据集，与 TREC-KBA-2013 数据集类似，该数据集包含一个目标实体集合和一个文档数据集。

1. 目标实体

目标实体集合由 71 个实体组成，包括设施实体（Facility）、人物实体（Person）和组织实体（Organization）等。目标实体集中有 38 个实体只在文档流中出现，但是在知识库中还不存在主页，实验使用这 38 个实体组成的实体集合来研究冷启动引文推荐问题。

2. 文档集

文档集包含近 2.0×10^9 篇发表于 2011 年 10 月至 2013 年 4 月期间的网络文档。为了减小文档集合规模，提高引文推荐效率，使用第 2 章中提出的以实体为中心的查询扩展方法对整个文档集进行过滤，过滤效果见表 7.2。在两个不同子任务中都实现了很高的最大召回率（即相关性阈值 cutoff=0 时的召回率），说明经过过滤之后绝大部分相关文档都得以保留。

表 7.2　召回率对比

过滤方法	max(macro_average(R))	
	Vital	Vital + Useful
查询扩展方法	0.987	0.985

3. 标注情况

在 TREC-KBA-2014 数据集中，实体与文档之间的相关性被标注为 4 类不同的相关程度，分别是重要（Vital）、有用（Useful）、未知（Unknown）和未提及（Non-Referent），TREC-KBA 对于四类不同相关程度的定义见表 7.3。

表 7.3　TREC-KBA-2014 数据集的实体–文档相关程度定义

相关程度	定义
重要 （Vital）	文档中包含实体相关的重要实时信息，如描述实体当前状态发生改变的文档等，该信息会触发编辑人员对知识库中目标实体页面进行编辑和更新操作
有用 （Useful）	文档中包含有可能被知识库引用的信息，但不是实时信息，如只是关于该实体的背景信息等
未知 （Unknown）	文档和目标实体之间的相关性无法判断，对应于 TREC-KBA-2013 数据集中的 Neutral
未提及 （Non-Referent）	文档中未提及目标实体以及别名，对应于 TREC-KBA-2013 数据集中的 Garbage

相比于 TREC-KBA-2013 数据集，TREC-KBA-2014 数据集主要有以下特点：

① 目标实体是从文档数据流中选取，而不再全部从知识库中选取。

② 对于每个实体而言，训练集和测试集合划分不再按统一时间点切分，为了保证每个实体有足够的训练数据，每个实体的训练集和测试集单独确定，可以为每个目标实体训练相关模型。

7.7.2　任务场景

传统的引文推荐包含两个不同难度的子任务：① Vital Only，只有 Vital 文档作为正例，其余的作为负例；② Vital + Useful，Vital 和 Useful 的文档作为正例，其余的作为负例。

其中 Vital + Useful 任务较容易实现，John R. Frank 等人[115] 的研究发现绝大部分与实体相关（即 Vital 和 Useful）的文档都会在内容中明确提及该目标实体，在 Vital + Useful 任务中仅通过查询扩展的过滤方法就能实现令人满意的引文推荐效果。因此，相关性模型只进行 Vital Only 任务的评测，在 TREC-KBA-2014 评测中也被称为 Vital Filtering。

7.7.3 实验方法

为了验证基于实体相关事件聚类提取的 3 种特征，主要实现了以下方法。

- **Random Forest Ranker（RF）**。基准实验方法，基于随机森林的排序学习方法，使用表 2.8 中介绍的基准语义特征（文档特征和实体–文档特征）。
- **RF+TR**。在 RF 方法中，增加时间范围特征（Time Range，TR）。
- **RF+TR+TF**。在 RF 方法中，增加时间范围特征和基于突发的时序特征（Temporal Feature）。基于突发的时序特征可参见第 3 章的相关内容。
- **RF+TR+TF+TP**。在 RF 方法中，增加时间范围、时序特征和头衔/职业特征（Title/Profession，TP）。
- **RF+TR+TF+TP+AP**。在 RF 方法中，增加时间范围、时序特征、头衔/职业特征以及动作模式特征（Action Pattern，AP）。
- **RF+TR+TF+TP+AP+GA**。在 RF 方法中，使用上述所有特征，并且使用模型调整策略（Global Adjustment，GA）进行相关性阈值调整。

7.7.4 结果及分析

表 7.4 展示了不同方法在 TREC-KBA-2014 数据集上的实验结果。使用第 2 章的基准语义特征集，逐一加入本章介绍的 3 种新特征以验证新特征的作用。

时间范围特征（TR）也属于时序特征，和基于突发的时序特征（TF）一起使用，相比基准方法 RF，将 $F1$ 提高了 11.3%，SU 提高了 37.4%，验证了本章提出的文档与目标实体之间的相关程度随发表时间衰减的假设。从对比结果可以看出，动作模式特征（AP）在 3 种特征中最为有效，将 $F1$ 值提高了 23.8%，时间范围特征（TR）将 $F1$ 值提高了 7%。头衔/职业特征（TP）对于系统性能提升有限，原因可能是 TREC-KBA-2014 使用的目标实体集合中没有太多的有歧义实体。与官方基准方法相比，使用所有特征的方法（即 TR+TF+TP+AP）实现了最好的效果，将 $F1$ 值提高了将近 10%。进一步增加模型调整策略之后，使用所有特征的方法（即 TR+TF+TP+AP+GA）实现了 0.566 的 $F1$ 和 0.510 的 SU，不仅远远优于基准方法 RF，而且在 TREC-KBA-2014 数据集上实现了当前最好的结果[10]。

表 7.4   不同特征组合结果 (TREC-KBA 官方打分程序，cutoff-step-size=10)

特征组合	avg(P)	avg(R)	$F1$	max(SU)
RF	0.287	**0.948**	0.441	0.267
RF+TR	0.342	0.774	0.474	0.349
RF+TR+TF	0.367	0.743	0.491	0.367
RF+TR+TF+TP	0.378	0.744	0.501	0.377
RF+TR+TF+TP+AP	0.447	0.702	0.546	0.464
RF+TR+TF+TP+AP+GA	**0.472**	0.706	**0.566**	**0.510**

7.8   本章小结

本章主要研究知识库引文推荐的冷启动问题。在经典引文推荐任务中，目标实体往往已经存在于知识库中，需要为其推荐更多相关引文来丰富其知识库内容。而在冷启动情况下，目标实体出现在文档流中，在知识库中还不存在该实体的主页，因此关于该目标实体的可用信息较少。传统引文推荐方法中很多有效的特征需要从目标实体的知识库主页进行抽取，无法直接应用到冷启动引文推荐任务中。

冷启动引文推荐任务主要面临两个挑战。首先是文档中目标实体的识别和消歧，因为没有知识库主页信息可用，只能利用目标实体出现的上下文来进行实体识别和消歧。其次是特征空间稀疏问题，传统引文推荐方法中使用的语义相似度特征依赖于目标实体的知识库主页内容来计算，在冷启动情况下，这部分特征无法抽取，会导致特征向量空间稀疏。

本章提出一种基于实体事件的语句聚类和语句级别特征抽取的排序学习相关模型。不同于经典方法中以整篇文档作为特征抽取单位，本章介绍的方法首先从每篇文档中抽取提及目标实体的语句，根据语义相似度将这些语句进行聚类形成实体相关的事件簇；然后进行语句级别的特征抽取，主要包括 3 种特征，分别是时间范围、头衔/职业特征和动作模式；最后使用基于随机森林的排序学习方法对文档做相关性排序。在 TREC-KBA-2014 数据集上进行的实验证明了这种方法和这些特征在解决冷启动引文推荐任务中的有效性。

需要注意的是，本章提出的 3 种特征不仅能应用在冷启动引文推荐任务中，也可以应用在传统的引文推荐任务中，后续研究中考虑将本文提出的新特征与语义特征和时序特征结合，进一步提升传统引文推荐方法的效果。

[评注]

　　本章的内容主要来源于王金刚的工作[1]。在线知识库冷启动问题是一个非常具有挑战性的任务，目前还没有非常有效的方法。王金刚在文献 [1] 中给出 3 种方法，在两个数据集上进行了探究性研究。事实上，知识库中大部分"长尾"实体内容的构建就是冷启动的问题，因此对该问题的研究具有重要意义。

附录 扩展 SMO 算法核心源代码

该源代码是在 LIBSVM[①] 基础上进行改进的实现。该实现的思路在工作变量的选择机制上与经典的 SMO 不同，经典的 SMO 算法每次选两个工作变量进行优化，扩展的 SMO 算法每次的工作变量可能是两个，也可能是一个（具体算法说明见第 4 章）。

下面给出该算法的关键数据结构及核心实现，代码中使用的具体类定义，可参见 LIBSVM。

类 1：用于存储对偶问题对应的 Q 矩阵定义 —SVC_Qmatrix.h

```
#ifndef _SVC_QMATRIX_H
#define _SVC_QMATRIX_H
#include "cache.h"
#include "kernel.h"
class SVC_Q: public Kernel
{
public:
    SVC_Q (const svm_problem& prob, const svm_parameter& param, const schar
*y_);
    Qfloat *get_Q(int i, int len) const;
    double *get_QD() const;
    void swap_index(int i, int j) const;
    ~SVC_Q();
private:
    schar *y;
    Cache *cache;
    double *QD;
    int i_c_number; //训练集中分类实例的个数
```

---

① Chih-Chung Chang and Chih-Jen Lin, LIBSVM : a library for support vector machines. ACM Transactions on Intelligent Systems and Technology, 2:27:1–27:27, 2011. Software available at http://www.csie.ntu.edu.tw/~cjlin/libsvm，Copyright (c) 2000-2018 Chih-Chung Chang and Chih-Jen Lin All rights reserved。

```
        int *index_recording;
};
#endif /*_SVC_QMATRIX_H*/
```

类 2：扩展 SMO 算法类的定义 ——SMOSolver.h

```
#ifndef _SMOSOLVER_H
#define _SMOSOLVER_H
#include "SVC_QMatrix.h"
class SMOSolver {
  public:
    SMOSolver() {};
    virtual ~SMOSolver() {};
    struct SolutionInfo {
        double obj;
        double b;
    };
    void Solve(int l, int _i_c_number,const QMatrix& Q, const double *p_, const
schar *y_,
            double *alpha_, double Cp, double Cn,int _numbersRatings,const int*
_iRatings, const double *drUpperBound,double eps, SolutionInfo* si);
  protected:
    schar *y;
    double *G;              // gradient of objective function
    enum { LOWER_BOUND, UPPER_BOUND, FREE };
    char *alpha_status; // LOWER_BOUND, UPPER_BOUND, FREE
    double *alpha;
    const QMatrix *Q;
    const double *QD;
    double eps;
    double Cp,Cn;
    int inumberOfRating;
    const int *iratings;
    const double *dcostUpperBound;
    double *p;
    int l; //用于求解模型所用的所有数据的个数，包括标注实例和偏好实现
```

```cpp
int i_c_number; //训练集中有标注实例的个数
double get_C(int i)
{
    if(l==i_c_number){
        return (y[i] > 0)? Cp : Cn;
    }
    else if(i<i_c_number){//active_set[i] write down the old index of the ith sam-
ple
        return (y[i] > 0)? Cp : Cn;
    }
    else{
        for(int j=0;j<this->inumberOfRating;j++)
            if(y[i]==this->iratings[j]) {
                return this->dcostUpperBound[j];
                break;
            }
    }
}
void update_alpha_status(int i)
{
    if(alpha[i] >= get_C(i))
        alpha_status[i] = UPPER_BOUND;
    else if(alpha[i] <= 0)
        alpha_status[i] = LOWER_BOUND;
    else alpha_status[i] = FREE;
}
bool is_upper_bound(int i) { return alpha_status[i] == UPPER_BOUND; }
bool is_lower_bound(int i) { return alpha_status[i] == LOWER_BOUND; }
bool is_free(int i) { return alpha_status[i] == FREE; }
\\ 扩展 SMO 算法中工作集选择的方法声明
virtual int select_working_set(int &out_i,int &out_j,int &out_k);
virtual double calculate_rho();
};
#endif
```

该类声明中关键方法的实现代码

方法 1：工作变量选择算法

```
/*
如果算法达到最优返回 0，如果选择两个变量的工作集返回 1，如果选择一个变量的工作
集返回2
*/
int SMOSolver::select_working_set(int &out_i,int &out_j,int &out_k){
    double Gmaxc = -INF;
    double Gmaxc2 = -INF;
    int Gmaxc_idx = -1;
    int Gminc_idx = -1;
    double Gmaxr = -INF;
    double Gmaxr2 = INF;
    int Gminr_idx = -1;
    double obj_diff_min = INF;
    double obj_diff_rmin= INF;
    //计算 Gmaxc and Gmaxr
    for(int t=0;t<l;t++)
        if(t<this->i_c_number){ //计算标注类别数据对应的值
            if(y[t]==+1)
            {
                if(!is_upper_bound(t))
                    if(-G[t] >= Gmaxc)
                    {
                        Gmaxc = -G[t];
                        Gmaxc_idx = t;
                    }
            }
            else
            {
                if(!is_lower_bound(t))
                    if(G[t] >= Gmaxc)
```

```
                        {
                                Gmaxc = G[t];
                                Gmaxc_idx = t;
                        }
                }
        }
        else{//计算偏好数据对应的值
            if(!is_lower_bound(t) )// j in I_up(\alpha)
                if(G[t] >= Gmaxr)
                {
                        Gmaxr = G[t];
                }
            if(!is_upper_bound(t))// j in I_low(\alpha)
                if(G[t]<=Gmaxr2)
                {
                        Gmaxr2=G[t];
                }
        }
int ic = Gmaxc_idx;
const Qfloat *Q_ic = NULL;

if(ic != -1) // NULL Q_ip not accessed: Gmaxp=-INF if ip=-1
    Q_ic = Q->get_Q(ic,l);
for(int j=0;j<l;j++)
{
    if(j<this->i_c_number){//计算标注数据对应的值
        if(y[j]==+1)
        {
            if (!is_lower_bound(j)) //alpha>0 y=1
            {
                    double grad_diff=Gmaxc +G[j];
                    if (G[j] >= Gmaxc2)
```

```
                    Gmaxc2= G[j];
            if (grad_diff > 0)
            {
                    double obj_diff;
                    double quad_coef = QD[ic]+QD[j]-2*y[ic]*Q_ic[j];
                    if (quad_coef > 0)
                        obj_diff = -(grad_diff*grad_diff)/quad_coef;
                    else
                        obj_diff = -(grad_diff*grad_diff)/TAU;
                    if (obj_diff <= obj_diff_min)
                    {
                            Gminc_idx=j;
                            obj_diff_min = obj_diff;
                    }
            }
        }
    }
    else
    {//alpha<C y=-1
        if (!is_upper_bound(j))
        {
                double grad_diff=Gmaxc-G[j];
                if (-G[j] >= Gmaxc2)
                    Gmaxc2 = -G[j];
                if (grad_diff > 0)
                {
                        double obj_diff;
                        double quad_coef = QD[ic]+QD[j]+2*y[ic]*Q_ic[j];
                        if (quad_coef > 0)
                            obj_diff = -(grad_diff*grad_diff)/quad_coef;
                        else
                            obj_diff = -(grad_diff*grad_diff)/TAU;
```

```
                    if (obj_diff <= obj_diff_min)
                    {
                         Gminc_idx=j;
                         obj_diff_min = obj_diff;
                    }
               }
          }
     }
}
else{// 计算偏好数据对应的值
     if(!is_lower_bound(j))// j in I_up(\alpha)
     {
          double grad_diff=G[j];
          if(grad_diff> 0)
          {
               double obj_diff;
               double quad_coef = QD[j];
               if(quad_coef>0)
                    obj_diff=-(grad_diff*grad_diff)/quad_coef;
               else
                    obj_diff=-(grad_diff*grad_diff)/TAU;
               if(obj_diff< obj_diff_rmin)
               {
                    obj_diff_rmin=obj_diff;
                    Gminr_idx=j;
               }
          }
     }
     if(!is_upper_bound(j))// j in I_low(\alpha)
     {
          double grad_diff=G[j];
          if(grad_diff< 0)
```

```
                {
                        double obj_diff;
                        double quad_coef = QD[j];
                        if(quad_coef>0)
                                obj_diff=-(grad_diff*grad_diff)/quad_coef;
                        else
                              obj_diff=-(grad_diff*grad_diff)/TAU;
                        if(obj_diff< obj_diff_rmin)
                        {
                                obj_diff_rmin=obj_diff;
                                Gminr_idx=j;
                        }
                }
            }
        }
    }
    //判断是否达到最优结束条件
    if(Gmaxc+ Gmaxc2 < eps &&Gmaxr<eps/2 && Gmaxr2>-eps/2)
        return 0;

    out_i = Gmaxc_idx;
    out_j = Gminc_idx;
    out_k= Gminr_idx;
    if(obj_diff_rmin<obj_diff_min) return 2; //选择一个变量的工作集，即偏好数据对
应的变量
    else return 1; //选择两个变量的工作集，即标注数据对应的变量
}
```

方法 2：扩展 SMO 算法的优化

```
void SMOSolver::Solve(int l, int _i_c_number,const QMatrix& Q, const double *p_,
const schar *y_, double *alpha_, double Cp, double Cn, int _numbersRatings,const
int* _iRatings, const double *drUpperBound,double eps, SolutionInfo* si) {
    this->l = l;
```

```
this->i_c_number=_i_c_number;
this->Q = &Q;
QD=Q.get_QD();
clone(p, p_,l);
clone(y, y_,l);
clone(alpha,alpha_,l);
this->Cp = Cp;
this->Cn = Cn;
this->eps = eps;
this->inumberOfRating=_numbersRatings;
clone(this->iratings, _iRatings,_numbersRatings);
clone(this->dcostUpperBound,drUpperBound,_numbersRatings);


// initialize alpha_status
{
    alpha_status = new char[l];
    for(int i=0;i<l;i++)
        update_alpha_status(i);
}
// initialize gradient
{
    G = new double[l];
    int i;
    for(i=0;i<l;i++)
    {
        G[i] = p[i];
    }
    for(i=0;i<l;i++)
        if(!is_lower_bound(i))
        {
            const Qfloat *Q_i = Q.get_Q(i,l);
            double alpha_i = alpha[i];
```

```
            int j;
            for(j=0;j<l;j++)
                G[j] += alpha_i*Q_i[j];
        }
    }
// optimization step
int iter = 0;
int max_iter = max(100000, l>INT_MAX/100 ? INT_MAX : 100*l);
#pragma region while
while(iter < max_iter)
{
    // show progress
    int i,j,k;
    int result;
    result=select_working_set(i,j,k);
    if(result==0)//it reach optimum
    {
        info("\nSolver reach the stationary point.\n");
        break;
    }
    ++iter;
    #pragma region result_1
    if(result==1)// 选择了两个变量的工作集
    {
        // update alpha[i] and alpha[j], handle bounds carefully
        printf("pair update:the iteration number of is %d\n",iter);
        const Qfloat *Q_i = Q.get_Q(i,l);
        const Qfloat *Q_j = Q.get_Q(j,l);
        double C_i = get_C(i);
        double C_j = get_C(j);
        double old_alpha_i = alpha[i];
        double old_alpha_j = alpha[j];
```

```
#pragma region updataalpha
    if(y[i]!=y[j])
    {
        double quad_coef = QD[i]+QD[j]+2*Q_i[j];
        if (quad_coef <= 0)
            quad_coef = TAU;
        double delta = (-G[i]-G[j])/quad_coef;
        double diff = alpha[i] - alpha[j];
        alpha[i] += delta;
        alpha[j] += delta;
         if(diff > 0)//修改 alpha 的值 in region III
        {
            if(alpha[j] < 0)
            {
                alpha[j] = 0;
                alpha[i] = diff;
            }
        }
        else
        {
            if(alpha[i] < 0)//region IV
            {
                alpha[i] = 0;
                alpha[j] = -diff;
            }
        }
        if(diff > C_i - C_j)// region I
        {
            if(alpha[i] > C_i)
            {
                alpha[i] = C_i;
```

```
                alpha[j] = C_i - diff;
            }
        }
        else
        {
            if(alpha[j] > C_j)//in region II
            {
                alpha[j] = C_j;
                alpha[i] = C_j + diff;
            }
        }
    }
    else//y[i]=y[j]
    {
        double quad_coef = QD[i]+QD[j]-2*Q_i[j];
        if (quad_coef <= 0)
            quad_coef = TAU;
        double delta = (G[i]-G[j])/quad_coef;
        double sum = alpha[i] + alpha[j];
        alpha[i] -= delta;
        alpha[j] += delta;

        if(sum > C_i)
        {
            if(alpha[i] > C_i)
            {
                alpha[i] = C_i;
                alpha[j] = sum - C_i;
            }
        }
        else
        {
```

```
                if(alpha[j] < 0)
                {
                    alpha[j] = 0;
                    alpha[i] = sum;
                }
            }
            if(sum > C_j)
            {
                if(alpha[j] > C_j)
                {
                    alpha[j] = C_j;
                    alpha[i] = sum - C_j;
                }
            }
            else
            {
                if(alpha[i] < 0)
                {
                    alpha[i] = 0;
                    alpha[j] = sum;
                }
            }
        }
#pragma endregion update Alpha subjecttoconstrains
        // update G
        double delta_alpha_i = alpha[i] - old_alpha_i;
        double delta_alpha_j = alpha[j] - old_alpha_j;
        for(int k=0;k<l;k++)
        {
            G[k] += Q_i[k]*delta_alpha_i + Q_j[k]*delta_alpha_j;
        }
```

```
        // update alpha_status
        update_alpha_status(i);
        update_alpha_status(j);

    }
    #pragma endregion result_1

    if(result==2)//选择一个变量的工作集
    {
        printf("item :the iteration number of is %d\n",iter);
        const Qfloat *Q_k = Q.get_Q(k,l);
        double C_k=this->get_C(k);
        double old_alpha_k = alpha[k];
        double quad_coef = QD[k];
            if (quad_coef <= 0)
                quad_coef = TAU;
        double delta = (-G[k])/quad_coef;
        alpha[k] += delta;
        if(alpha[k]<0)
            alpha[k]=0;
        if(alpha[k]>C_k)
            alpha[k]=C_k;
        update_alpha_status(k);
        //update G
        double delta_alpha_k = alpha[k] - old_alpha_k;
        for(int i=0;i<l;i++)
        {
            G[i] += Q_k[i]*delta_alpha_k;
        }
    }
}//while
#pragma endregion while
```

```
if(iter >= max_iter)
{
    fprintf(stderr,"\nWARNING: reaching max number of iterations\n");
}
// calculate rho
si->b = calculate_rho();
// calculate objective value
{
    double v = 0;
    int i;
    for(i=0;i<l;i++)
        v += alpha[i] * (G[i] + p[i]);
    si->obj = v/2;
}
// put back the solution
{
    for(int i=0;i<l;i++)
        alpha_[i] = alpha[i];
}
info("optimization finished, #iter = %d\n",iter);
delete[] p;
delete[] y;
delete[] alpha;
delete[] alpha_status;
delete[] G;
delete[] this->iratings;
delete[] this->dcostUpperBound;

}
```

参考文献

[1] 王金刚. 在线知识库累积引文推荐技术研究 [D]. 北京: 北京理工大学, 2015.

[2] Frank J R, Kleiman-Weiner M, Roberts D A, et al. Building an Entity-Centric Stream Filtering Test Collection for TREC 2012 [C]. In TREC, 2012.

[3] 王元卓, 贾岩涛, 刘大伟, 等. 基于开放网络知识的信息检索与数据挖掘 [J]. 计算机研究与发展, 2015, 52(2): 456–474.

[4] 蔡自兴, 蒙祖强. 人工智能基础 [M]. 2 版. 北京: 高等教育出版社, 2010.

[5] Nilsson N J. Principles of Artificial Intelligence [M]. Berlin: Springer, 1982.

[6] Lu R, Jin X, Zhang S, et al. A Study on Big Knowledge and Its Engineering Issues [J]. IEEE Transactions on Knowledge and Data Engineering, 2018, online: 1–14.

[7] Bellomarini L, Gottlob G, Pieris A, et al. Swift Logic for Big Data and Knowledge Graphs [C]. In Proceedings of the Twenty-Sixth International Joint Conference on Artificial Intelligence, IJCAI 2017, Melbourne, 2017: 2–10.

[8] Gross O, Doucet A, Toivonen H. Term Association Analysis for Named Entity Filtering [C]. In TREC, 2012.

[9] Liu X, Fang H. Entity Profile Based Approach in Automatic Knowledge Finding [C]. In TREC, 2012.

[10] Frank J R, Kleiman-Weiner M, Roberts D A, et al. Evaluating Stream Filtering for Entity Profile Updates in TREC 2012, 2013, and 2014 [C]. In TREC, 2014.

[11] Kjersten B, McNamee P. The HLTCOE Approach to the TREC 2012 KBA Track [C]. In TREC, 2012.

[12] Wang J, Song D, Liao L, et al. BIT and MSRA at TREC KBA CCR Track 2013 [C]. In TREC, 2013.

[13] Jiang J, Lin C-Y, Rui Y. MSR KMG at TREC 2014 KBA track vital filtering task [C]. In TREC, 2014.

[14] Balog K, Ramampiaro H. Cumulative citation recommendation: classification vs. ranking [C]. In The 36th International ACM SIGIR conference on research and development in Information Retrieval, SIGIR '13, Dublin, Ireland, 2013: 941–944.

[15] Kawahara S, Seki K, Uehara K. Detecting Vital Documents in Massive Data Streams [J]. OJWT, 2015, 2(1): 16–26.

[16] Wang J, Song D, Wang Q, et al. An Entity Class-Dependent Discriminative Mixture Model for Cumulative Citation Recommendation [C]. In Proceedings of the 38th International ACM SIGIR Conference on Research and Development in Information Retrieval, Santiago, Chile, 2015: 635–644.

[17] Wang J, Song D, Zhang Z, et al. LDTM: A Latent Document Type Model for Cumulative Citation Recommendation [C]. In Proceedings of the 2015 Conference on Empirical Methods in Natural Language Processing, EMNLP 2015, Lisbon, 2015: 561–566.

[18] Shen W, Wang J, Han J. Entity linking with a knowledge base: Issues, techniques, and solutions [J]. IEEE Transactions on Knowledge and Data Engineering, 2015, 27(2): 443–460.

[19] Mihalcea R, Csomai A. Wikify!: linking documents to encyclopedic knowledge [C]. In Proceedings of the sixteenth ACM conference on Conference on information and knowledge management, 2007: 233–242.

[20] Medelyan O, Witten I H, Milne D. Topic indexing with Wikipedia [C]. In Proceedings of the AAAI WikiAI workshop, 2008: 19–24.

[21] Blanco R, Ottaviano G, Meij E. Fast and Space-Efficient Entity Linking for Queries [C]. In Proceedings of the Eighth ACM International Conference on Web Search and Data Mining, WSDM 2015, Shanghai, 2015: 179–188.

[22] Han X, Sun L. A Generative Entity-Mention Model for Linking Entities with Knowledge Base [C]. In The 49th Annual Meeting of the Association for Computational Linguistics: Human Language Technologies, Proceedings of the Conference, Portland, 2011: 945–954.

[23] Zhang W, Sim Y C, Su J, et al. Entity Linking with Effective Acronym Expansion, Instance Selection, and Topic Modeling [C]. In IJCAI 2011, Proceedings of the 22nd International Joint Conference on Artificial Intelligence, Barcelona, 2011: 1909–1914.

[24] Kataria S, Kumar K S, Rastogi R, et al. Entity disambiguation with hierarchical topic models [C]. In Proceedings of the 17th ACM SIGKDD International Conference on Knowledge Discovery and Data Mining, San Diego, 2011: 1037–1045.

[25] Shen W, Wang J, Luo P, et al. Linking named entities in Tweets with knowledge base via user interest modeling [C]. In The 19th ACM SIGKDD International Conference on Knowledge Discovery and Data Mining, KDD 2013, Chicago, 2013: 68–76.

[26] Han X, Sun L, Zhao J. Collective entity linking in web text: a graph-based method [C]. In Proceeding of the 34th International ACM SIGIR Conference on Research and Development in Information Retrieval, SIGIR 2011, Beijing, 2011: 765–774.

[27] Hoffart J, Yosef M A, Bordino I, et al. Robust Disambiguation of Named Entities in Text [C]. In Proceedings of the 2011 Conference on Empirical Methods in Natural Language Processing, EMNLP 2011 John McIntyre Conference Centre, Edinburgh, UK, A meeting of SIGDAT, a Special Interest Group of the ACL, 2011: 782–792.

[28] Alhelbawy A, Gaizauskas R J. Graph Ranking for Collective Named Entity Disambiguation [C]. In Proceedings of the 52nd Annual Meeting of the Association for Computational Linguistics, ACL 2014, Baltimore, MD, USA, Volume 2: Short Papers, 2014: 75–80.

[29] Guo Y, Che W, Liu T, et al. A Graph-based Method for Entity Linking [C]. In Fifth International Joint Conference on Natural Language Processing, IJCNLP 2011, Chiang Mai, 2011: 1010–1018.

[30] Guo Y, Qin B, Li Y, et al. Improving Candidate Generation for Entity Linking [C]. In Natural Language Processing and Information Systems - 18th International Conference on Applications of Natural Language to Information Systems, NLDB 2013, Salford, 2013: 225–236.

[31] Han X, Sun L. An Entity-Topic Model for Entity Linking [C]. In Proceedings of the 2012 Joint Conference on Empirical Methods in Natural Language Processing and Computational Natural Language Learning, EMNLP-CoNLL 2012, Jeju Island, 2012: 105–115.

[32] Zheng Z, Li F, Huang M, et al. Learning to Link Entities with Knowledge Base [C]. In Human Language Technologies: Conference of the North American Chapter of the Association of Computational Linguistics, Proceedings,Los Angeles, 2010: 483–491.

[33] Zheng Z, Si X, Li F, et al. Entity Disambiguation with Freebase [C]. In 2012 IEEE/WIC/ACM International Conferences on Web Intelligence, WI 2012, Macau, 2012: 82–89.

[34] He Z, Liu S, Li M, et al. Learning Entity Representation for Entity Disambiguation [C]. In Proceedings of the 51st Annual Meeting of the Association for Computational Linguistics, ACL 2013, Sofia, Bulgaria, Volume 2: Short Papers, 2013: 30–34.

[35] Guo S, Chang M, Kiciman E. To Link or Not to Link? A Study on End-to-End Tweet Entity Linking [C]. In Human Language Technologies: Conference of the North American Chapter of the Association of Computational Linguistics, Atlanta, 2013: 1020–1030.

[36] Attardi G, Sartiano D, Simi M, et al. Using Embeddings for Both Entity Recognition and Linking in Tweet [C]. In Proceedings of Third Italian Conference on Computational Linguistics (CLiC-it 2016) & Fifth Evaluation Campaign of Natural Language Processing and Speech Tools for Italian. Final Workshop (EVALITA 2016), Napoli, 2016.

[37] Meng Z, Yu D, Xun E. Chinese Microblog Entity Linking System Combining Wikipedia and Search Engine Retrieval Results [C]. In Natural Language Processing and Chinese Computing - Third CCF Conference, NLPCC 2014, Shenzhen, 2014: 449–456.

[38] 林海伦, 王元卓, 贾岩涛, 等. 网络大数据的知识融合方法综述 [J]. 计算机学报, 2017, 40(1): 1–27.

[39] Nadeau D, Sekine S. A survey of named entity recognition and classification [J]. Lingvisticae Investigationes, 2007, 30(1): 3–26.

[40] Collins M, Singer Y. Unsupervised models for named entity classification [C]. In 1999 Joint SIGDAT Conference on Empirical Methods in Natural Language Processing and Very Large Corpora, 1999: 100–110.

[41] Philipp C, Völker J. Towards large-scale, open-domain and ontology-based named entity classification [C]. In Proceedings of the International Conference on Recent Advances in Natural Language Processing (RANLP), 2005: 166–172.

[42] Enrique A, Manandhar S. An unsupervised method for general named entity recognition and automated concept discovery [C]. In Proceedings of the 1st international conference on general WordNet, Mysore, 2002: 34–43.

[43] Claudio G. Fine-grained classification of named entities exploiting latent semantic kernels [C]. In Proceedings of the Thirteenth Conference on Computational Natural Language Learning. Association for Computational Linguistics, 2009: 201–209.

[44] Nakashole N, Tomasz T, Gerhard W. Fine-grained Semantic Typing of Emerging Entities [C]. In Proceedings of the Seventeenth Conference on Computational Natural Language Learning. Association for Computational Linguistics, 2013: 1488–1497.

[45] Shen W, Wang J, Luo P. A graph-based approach for ontology population with named entities [C]. In Proceedings of the 21st ACM international conference on Information and knowledge management, 2012: 345–354.

[46] Finkel J R, Grenager T, Manning C D. Incorporating Non-local Information into Information Extraction Systems by Gibbs Sampling [C]. In ACL 2005, 43rd Annual Meeting of the Association for Computational Linguistics, Washtenaw County, 2005: 363–370.

[47] Zhang H P, Yu H K, Xiong D Y. HHMM-based Chinese lexical analyzer ICTCLAS [C]. In Proceedings of the second SIGHAN workshop on Chinese language processing-Volume 17. Association for Computational Linguistics, 2003: 184–187.

[48] Asahara M, Matsumoto Y. Japanese Named Entity Extraction with Redundant Morphological Analysis [C]. In Human Language Technology Confer-

ence of the North American Chapter of the Association for Computational Linguistics, HLT-NAACL 2003, Edmonton, 2003.

[49] Yogatama D, Gillick D, Lazic N. Embedding Methods for Fine Grained Entity Type Classification [C]. In Proceedings of the 53rd Annual Meeting of the Association for Computational Linguistics and the 7th International Joint Conference on Natural Language Processing of the Asian Federation of Natural Language Processing, ACL 2015, Beijing, Volume 2: Short Papers, 2015: 291–296.

[50] Suzuki M, Matsuda K, Sekine S, et al. Fine-Grained Named Entity Classification with Wikipedia Article Vectors [C]. In 2016 IEEE/WIC/ACM International Conference on Web Intelligence, WI 2016, Omaha, 2016: 483–486.

[51] Cui K, Ren P, Chen Z, et al. Relation Enhanced Neural Model for Type Classification of Entity Mentions with a Fine-Grained Taxonomy [J]. J. Comput. Sci. Technol., 2017, 32 (4): 814–827.

[52] Zhao W X, Liu C, Wen J-R, et al. Ranking and tagging bursty features in text streams with context language models [J]. Frontiers of Computer Science, 2015: 1–11.

[53] He Q, Chang K, Lim E, et al. Bursty Feature Representation for Clustering Text Streams [C]. In Proceedings of the Seventh SIAM International Conference on Data Mining, Minneapolis, 2007: 491–496.

[54] Lappas T, Arai B, Platakis M, et al. On burstiness-aware search for document sequences [C]. In Proceedings of the 15th ACM SIGKDD International Conference on Knowledge Discovery and Data Mining, Paris, 2009: 477–486.

[55] Fung G P C, Yu J X, Liu H, et al. Time-dependent event hierarchy construction [C]. In Proceedings of the 13th ACM SIGKDD International Conference on Knowledge Discovery and Data Mining, San Jose, 2007: 300–309.

[56] Farzindar A, Khreich W. A Survey of Techniques for Event Detection in Twitter [J]. Computational Intelligence, 2015, 31(1): 132–164.

[57]   Parikh N, Sundaresan N. Scalable and near real-time burst detection from eCommerce queries [C]. In Proceedings of the 14th ACM SIGKDD International Conference on Knowledge Discovery and Data Mining, Las Vegas, 2008: 972–980.

[58]   Kumar R, Novak J, Raghavan P, et al. On the bursty evolution of blogspace [C]. In Proceedings of the Twelfth International World Wide Web Conference, WWW 2003, Budapest, 2003: 568–576.

[59]   Wang X, Zhai C, Hu X, et al. Mining correlated bursty topic patterns from coordinated text streams [C]. In Proceedings of the 13th ACM SIGKDD International Conference on Knowledge Discovery and Data Mining, San Jose, 2007: 784–793.

[60]   Allan J, Carbonell J G, Doddington G, et al. Topic detection and tracking pilot study: final report [A]. In: Proceedings of the DARPA Broadcast News Transcription and Understanding Workshop [C]. Virginia: Lansdowne, 1998 (2): 194–218.

[61]   He Q, Chang K, Lim E. Using Burstiness to Improve Clustering of Topics in News Streams [C]. In Proceedings of the 7th IEEE International Conference on Data Mining (ICDM 2007), Omaha, 2007: 493–498.

[62]   Kleinberg J M. Bursty and Hierarchical Structure in Streams [J]. Data Min. Knowl. Discov., 2003, 7(4): 373–397.

[63]   Vlachos M, Meek C, Vagena Z, et al. Identifying Similarities, Periodicities and Bursts for Online Search Queries [C]. In Proceedings of the ACM SIGMOD International Conference on Management of Data, Paris, 2004: 131–142.

[64]   Fung G P C, Yu J X, Yu P S, et al. Parameter Free Bursty Events Detection in Text Streams [C]. In Proceedings of the 31st International Conference on Very Large Data Bases, Trondheim, 2005: 181–192.

[65]   Fung G P C, Yu J X, Liu H, et al. Time-dependent event hierarchy construction [C]. In Proceedings of the 13th ACM SIGKDD International Conference on Knowledge Discovery and Data Mining, San Jose, 2007: 300–309.

[66] Zhao X, Chen R, Fan K, et al. A Novel Burst-based Text Representation Model for Scalable Event Detection [C]. In The 50th Annual Meeting of the Association for Computational Linguistics, Proceedings of the Conference, Jeju Island, Volume 2: Short Papers, 2012: 43–47.

[67] Balog K, Ramampiaro H, Takhirov N, et al. Multi-step classification approaches to cumulative citation recommendation [C]. In Open research Areas in Information Retrieval, OAIR '13, Lisbon, 2013: 121–128.

[68] Nanas N, Roeck A N D, Vavalis M. What Happened to Content-Based Information Filtering [C]. In Advances in Information Retrieval Theory, Second International Conference on the Theory of Information Retrieval, ICTIR 2009, Cambridge, 2009: 249–256.

[69] Sriram B, Fuhry D, Demir E, et al. Short text classification in twitter to improve information filtering [C]. In Proceeding of the 33rd International ACM SIGIR Conference on Research and Development in Information Retrieval, SIGIR 2010, Geneva, 2010: 841–842.

[70] Caulkins J P, Ding W, Duncan G T, et al. A method for managing access to web pages: Filtering by Statistical Classification (FSC) applied to text [J]. Decision Support Systems, 2006, 42(1): 144–161.

[71] Ekstrand M D, Riedl J, Konstan J A. Collaborative Filtering Recommender Systems [J]. Foundations and Trends in Human-Computer Interaction, 2011, 4(2): 175–243.

[72] Nanas N, Vavalis M, Roeck A N D. A network-based model for high-dimensional information filtering [C]. In Proceeding of the 33rd International ACM SIGIR Conference on Research and Development in Information Retrieval, SIGIR 2010, Geneva, 2010: 202–209.

[73] Zhang F, Yuan N J, Lian D, et al. Collaborative Knowledge Base Embedding for Recommender Systems [C]. In Proceedings of the 22nd ACM SIGKDD International Conference on Knowledge Discovery and Data Mining, San Francisco, 2016: 353–362.

[74] Croft W B, Das R. Experiments with Query Acquisition and Use in Document Retrieval Systems [C]. In SIGIR'90, 13th International Conference on

Research and Development in Information Retrieval, Brussels, 1990: 349–368.

[75] 刘斌, 陈桦. 向量空间模型信息检索技术讨论 [J]. 情报杂志, 2006, 25(7): 92–93.

[76] 刘海峰, 张学仁, 刘守生. Web 信息检索模型特点与问题综述 [J]. 软件导刊, 2009 (3): 3–6.

[77] Foltz P W. Using latent semantic indexing for information filtering [C]. In ACM SIGOIS Bulletin, 1990: 40–47.

[78] Zukerman I, Albrecht D W. Predictive Statistical Models for User Modeling [J]. User Model. User-Adapt. Interact., 2001, 11(1-2): 5–18.

[79] Brafman R I, Heckerman D, Shani G. Recommendation as a Stochastic Sequential Decision Problem [C]. In Proceedings of the Thirteenth International Conference on Automated Planning and Scheduling (ICAPS 2003), Trento, 2003: 164–173.

[80] Yang X, Guo Y, Liu Y. Bayesian-Inference-Based Recommendation in Online Social Networks [J]. IEEE Trans. Parallel Distrib. Syst, 2013, 24(4): 642–651.

[81] Huang Y, Bian L. A Bayesian network and analytic hierarchy process based personalized recommendations for tourist attractions over the Internet [J]. Expert Syst. Appl., 2009, 36(1): 933–943.

[82] Boger Z, Kuflik T, Shapira B, et al. Information Filtering and Automatic Keyword Identification by Artificial Neural Networks [C]. In Proceedings of the 8th European Conference on Information Systems, Trends in Information and Communication Systems for the 21st Century, ECIS 2000, Vienna, 2000: 379–385.

[83] Jennings A, Higuchi H. A User Model Neural Network for a Personal News Service [J]. User Model. User-Adapt. Interact., 1993, 3(1): 1–25.

[84] Bai B, Fan Y, Tan W, et al. DLTSR: A Deep Learning Framework for Recommendation of Long-tail Web Services [J]. IEEE Transactions on Services Computing, 2017: 1–13.

[85] Lian J, Zhang F, Xie X, et al. CCCFNet: A Content-Boosted Collaborative Filtering Neural Network for Cross Domain Recommender Systems [C]. In Proceedings of the 26th International Conference on World Wide Web Companion, Perth, 2017: 817–818.

[86] Catherine R, Cohen W W. TransNets: Learning to Transform for Recommendation [C]. In Proceedings of the Eleventh ACM Conference on Recommender Systems, RecSys 2017, Como, 2017: 288–296.

[87] Manning C D, Raghavan P, Schütze H. Introduction to information retrieval [M]. Cambridge: Cambridge University Press, 2008.

[88] Hotelling H. Analysis of a complex of statistical variables into principal components. [J]. Journal of educational psychology, 1933, 24(6): 417.

[89] Hyvärinen A, Karhunen J, Oja E. Independent component analysis [M]. John Wiley & Sons, 2004.

[90] Deerwester S C, Dumais S T, Landauer T K, et al. Indexing by Latent Semantic Analysis [J]. JASIS, 1990, 41(6): 391–407.

[91] Harris Z S. Distributional structure [J]. Word, 1954, 10(2-3): 146–162.

[92] De Lathauwer L, De Moor B, Vandewalle J, et al. Singular value decomposition [C]. In Proc. EUSIPCO-94, Edinburgh, 1994: 175–178.

[93] Hofmann T. Unsupervised learning by probabilistic latent semantic analysis [J]. Machine learning, 2001, 42(1): 177–196.

[94] Blei D M, Ng A Y, Jordan M I. Latent Dirichlet Allocation [J]. Journal of Machine Learning Research, 2003, 3: 993–1022.

[95] Turian J P, Ratinov L, Bengio Y. Word Representations: A Simple and General Method for Semi-Supervised Learning [C]. In ACL 2010, Proceedings of the 48th Annual Meeting of the Association for Computational Linguistics, Uppsala, 2010: 384–394.

[96] Bengio Y, Ducharme R, Vincent P. A Neural Probabilistic Language Model [C]. In Advances in Neural Information Processing Systems 13, Papers from Neural Information Processing Systems (NIPS) 2000, Denver, 2000: 932–938.

[97] Mikolov T, Chen K, Corrado G, et al. Efficient Estimation of Word Representations in Vector Space [J]. CoRR, 2013, abs/1301.3781.

[98] Mikolov T, Sutskever I, Chen K, et al. Distributed Representations of Words and Phrases and their Compositionality [J]. CoRR, 2013, abs/1310.4546.

[99] Frege G. Über sinn und bedeutung [J]. Wittgenstein Studien, 1994, 1(1).

[100] Fukushima K. Neural Network Model for a Mechanism of Pattern Recognition Unaffected by Shift in Position- Neocognitron [J]. Electron. & Commun. Japan, 1979, 62(10): 11–18.

[101] Collobert R, Weston J, Bottou L, et al. Natural Language Processing (Almost) from Scratch [J]. Journal of Machine Learning Research, 2011, 12: 2493–2537.

[102] Elman J L. Finding Structure in Time [J]. Cognitive Science, 1990, 14(2): 179–211.

[103] Hochreiter S, Schmidhuber J. Long-Short Term Memory [J]. Neural Computation, 1997, 9(8): 1735–1780.

[104] Yu Z, Wang H, Lin X, et al. Understanding Short Texts through Semantic Enrichment and Hashing [J]. IEEE Trans. Knowl. Data Eng., 2016, 28(2): 566–579.

[105] Gebremeskel G G, He J, De Vries A P, et al. Cumulative Citation Recommendation: A Feature-Aware Comparison of Approaches [C]. In Database and Expert Systems Applications (DEXA), 25th International Workshop on Database and Expert Systems Application. IEEE, 2014: 193–197.

[106] Cucerzan S. Large-Scale Named Entity Disambiguation Based on Wikipedia Data. [C]. In EMNLP-CoNLL, 2007: 708–716.

[107] Zesch T, Müller C, Gurevych I. Extracting Lexical Semantic Knowledge from Wikipedia and Wiktionary. [C]. In LREC, 2008: 1646–1652.

[108] Finkel J R, Grenager T, Manning C. Incorporating non-local information into information extraction systems by gibbs sampling [C]. In Proceedings of the 43rd Annual Meeting on Association for Computational Linguistics, 2005: 363–370.

[109] Araujo S, Gebremeskel G, He J, et al. CWI at TREC 2012, KBA track and session track [R]. 2012.

[110] Dietz L, Dalton J. Umass at TREC 2013 Knowledge Base Acceleration Track [C]. In Proceedings of the Twenty-Second Text REtrieval Conference, 2013.

[111] Odijk R B E M D, Weerkamp M d R W. The University of Amsterdam at TREC 2012 [R]. In TREC', 2012.

[112] Bonnefoy L, Bouvier V, Bellot P. A weakly-supervised detection of entity central documents in a stream [C]. In Proceedings of the 36th International ACM SIGIR Conference on Research and Development in Information Retrieval, 2013: 769–772.

[113] Dalton J, Dietz L. Bi-directional linkability from Wikipedia to documents and back again: UMass at TREC 2012 knowledge base acceleration track [R]. 2012.

[114] Hall M, Frank E, Holmes G, et al. The WEKA data mining software: an update [J]. ACM SIGKDD explorations newsletter, 2009, 11(1): 10–18.

[115] Frank J R, Kleiman-Weiner M, Roberts D A, et al. Building an Entity-Centric Stream Filtering Test Collection for TREC 2012 [C/OL]. In TREC, 2012.

[116] Frank J, Bauer S J, Kleiman-Weiner M, et al. Evaluating Stream Filtering for Entity Profile Updates for TREC 2013 [C]. In TREC, 2013.

[117] Robertson S E, Soboroff I. The TREC 2002 Filtering Track Report. [C]. In TREC, 2002: 5.

[118] Hull D A, Robertson S E. The TREC-8 Filtering Track Final Report. [C]. In TREC, 1999.

[119] Balog K, Ramampiaro H. Cumulative citation recommendation: Classification vs. ranking [C]. In Proceedings of the 36th International ACM SIGIR Conference on Research and Development in Information Retrieval, 2013: 941–944.

[120] Liu X, Darko J, Fang H. A Related Entity based Approach for Knowledge Base Acceleration [C]. In TREC, 2013.

[121] Yih W-t, Chang M-W, He X, et al. Semantic parsing via staged query graph generation: Question answering with knowledge base [C]. In Association for Computational Linguistics (ACL), 2015.

[122] Wang J, Liao L, Song D, et al. Resorting Relevance Evidences to Cumulative Citation Recommendation for Knowledge Base Acceleration [C]. In WAIM, 2015: 169–180.

[123] Yang Y, Pierce T, Carbonell J. A study of retrospective and on-line event detection [C]. In SIGIR, 1998: 28–36.

[124] Vlachos M, Meek C, Vagena Z, et al. Identifying Similarities, Periodicities and Bursts for Online Search Queries [C]. In SIGMOD, 2004: 131–142.

[125] Ng A Y, Jordan M I. On Discriminative vs. Generative Classifiers: A comparison of logistic regression and naive Bayes [M] // Dietterich T, Becker S, Ghahramani Z. Advances in Neural Information Processing Systems 14. Cambridge: MIT Press, 2002: 841–848.

[126] Genkin A, Lewis D D, Madigan D. Large-scale bayesian logistic regression for text categorization [J]. Technometrics, 2007, 49(3): 291–304.

[127] Ma L. Entity Burst Discriminative Model for cumulative citation recommendation [J]. Journal of Beijing Institute of Technology, 2019 (2): 30–39.

[128] Zhou M, Chang K C-C. Entity-centric document filtering: boosting feature mapping through meta-features [C]. In CIKM, 2013: 119–128.

[129] Fang Y, Si L, Mathur A. Discriminative probabilistic models for expert search in heterogeneous information sources [J]. Information Retrieval, 2011, 14(2): 158–177.

[130] Jin R, Si L, Zhai C. A study of mixture models for collaborative filtering [J]. Information Retrieval, 2006, 9(3): 357–382.

[131] Wang Q, Si L, Zhang D. A Discriminative Data-Dependent Mixture-Model Approach for Multiple Instance Learning in Image Classification [M] // ECCV 2012, Florence, 2012: 660–673.

[132] Jacobs R A, Jordan M I, Nowlan S J, et al. Adaptive mixtures of local experts [J]. Neural computation, 1991, 3(1): 79–87.

[133] Chamroukhi F. Robust mixture of experts modeling using the t distribution [J]. Neural Networks, 2016, 79: 20–36.

[134] Waterhouse S R, Robinson A J. Classification using hierarchical mixtures of experts [C]. In Neural Networks for Signal Processing [1994] IV. Proceedings of the 1994 IEEE Workshop, 1994: 177–186.

[135] Yuksel S E, Wilson J N, Gader P D. Twenty years of mixture of experts [J]. IEEE transactions on neural networks and learning systems, 2012, 23(8): 1177–1193.

[136] Hong D, Si L. Mixture Model with Multiple Centralized Retrieval Algorithms for Result Merging in Federated Search [C]. In SIGIR'12, Portland, 2012: 821–830.

[137] Yang Y, Liu X. A Re-Examination of Text Categorization Methods [C]. In SIGIR, Berkeley, 1999: 42–49.

[138] Dempster A P, Laird N M, Rubin D B. Maximum likelihood from incomplete data via the EM algorithm [J]. Journal of the Royal Statistical Society. Series B (Methodological), 1977: 1–38.

[139] Kohlschütter C, Fankhauser P, Nejdl W. Boilerplate detection using shallow text features [C]. In Proceedings of the third ACM international conference on Web search and data mining, 2010: 441–450.

[140] Ma L, Song D, Liao L, et al. A Hybrid Discriminative Mixture Model for Cumulative Citation Recommendation [J]. IEEE Transactions on Knowledge and Data Engineering, 2019: 1.

[141] Ma L, Liao L, Song D, et al. A Latent Entity-Document Class Mixture of Experts Model for Cumulative Citation Recommendation [J]. Tsinghua Science & Technology, 2018, 23(06): 660–670.

[142] Vapnik V, Vashist A, Pavlovitch N. Learning using hidden information (learning with teacher) [C]. International Joint Conference on Neural Networks, Atlanta, 2009: 3188–3195.

[143] Sharmanska V, Quadrianto N, Lampert C H. Learning to rank using privileged information [C]. In 2013 IEEE International Conference on Computer Vision (ICCV), Sydney, 2013: 825–832.

[144] Wang Z, Gao T, Ji Q. Learning with Hidden Information Using a Max-Margin Latent Variable Model [C]. In the 22nd International Conference on Pattern Recognition (ICPR), Stockholm, 2014: 1389–1394.

[145] Feyereisl J, Kwak S, Son J, et al. Object Localization based on Structural SVM using Privileged Information [C]. In Advances in Neural Information Processing Systems, 2014: 208–216.

[146] Cherkassky V. The Nature Of Statistical Learning Theory [J]. IEEE Trans. Neural Networks, 1997, 8(6): 1564.

[147] Tsang I W, Kwok J T, Cheung P. Core Vector Machines: Fast SVM Training on Very Large Data Sets [J]. Journal of Machine Learning Research, 2005, 6: 363–392.

[148] Sun C, Mu C, Li X. A weighted LS-SVM approach for the identification of a class of nonlinear inverse systems [J]. Science in China Series F: Information Sciences, 2009, 52(5): 770–779.

[149] Yang T, Li Y, Mahdavi M, et al. Nyström Method vs Random Fourier Features: A Theoretical and Empirical Comparison [C]. In Advances in Neural Information Processing Systems 25: 26th Annual Conference on Neural Information Processing Systems 2012. Proceedings of a meeting held, Lake Tahoe, 2012: 485–493.

[150] Qu A, Chen J, Wang L, et al. Segmentation of Hematoxylin-Eosin stained breast cancer histopathological images based on pixel-wise SVM classifier [J]. SCIENCE CHINA Information Sciences, 2015, 58(9): 1–13.

[151] Pechyony D, Izmailov R, Vashist A, et al. SMO-Style Algorithms for Learning Using Privileged Information [C]. In Proceedings of The 2010 International Conference on Data Mining, DMIN 2010, Las Vegas, 2010: 235–241.

[152] Kuo T, Lee C, Lin C. Large-scale Kernel RankSVM [C]. In Proceedings of the 2014 SIAM International Conference on Data Mining, Philadelphia, 2014: 812–820.

[153] Herbrich R, Graepel T, Obermayer K. Large margin rank boundaries for ordinal regression [J]. Advances in Large Margin Classfiers, 2000 (9): 115–132.

[154] Cao Y, Xu J, Liu T, et al. Adapting ranking SVM to document retrieval [C]. In SIGIR 2006: Proceedings of the 29th Annual International ACM SIGIR Conference on Research and Development in Information Retrieval, Seattle, 2006: 186–193.

[155] Yu H, Kim Y, Hwang S. RV-SVM: An Efficient Method for Learning Ranking SVM [C]. In Advances in Knowledge Discovery and Data Mining, 13th Pacific-Asia Conference, PAKDD 2009, Bangkok, 2009: 426–438.

[156] Schohn G, Cohn D. Less is More: Active Learning with Support Vector Machines [C]. In Proceedings of the Seventeenth International Conference on Machine Learning (ICML 2000), Stanford, 2000: 839–846.

[157] Tong S, Koller D. Support Vector Machine Active Learning with Applications to Text Classification [J]. Journal of Machine Learning Research, 2001, 2: 45–66.

[158] Brinker K. Incorporating Diversity in Active Learning with Support Vector Machines [C]. In Machine Learning, Proceedings of the Twentieth International Conference (ICML 2003), Washington, DC, 2003: 59–66.

[159] Brinker K. Active learning of label ranking functions [C]. In Machine Learning, Proceedings of the Twenty-First International Conference (ICML 2004), Banff, 2004.

[160] Fürnkranz J, Hüllermeier E. Pairwise Preference Learning and Ranking [C]. In Machine Learning: ECML 2003, 14th European Conference on Machine Learning, Cavtat-Dubrovnik, 2003: 145–156.

[161] Yu H. SVM selective sampling for ranking with application to data retrieval [C]. In Proceedings of the Eleventh ACM SIGKDD International Conference on Knowledge Discovery and Data Mining, Chicago, 2005: 354–363.

[162] Yu H. Selective sampling techniques for feedback-based data retrieval [J]. Data Min. Knowl. Discov., 2011, 22(1-2): 1–30.

[163] Lin K, Jan T, Lin H. Data Selection Techniques for Large-Scale Rank SVM [C]. In Conference on Technologies and Applications of Artificial Intelligence, TAAI 2013, Taipei 2013: 25–30.

[164] Schölkopf B, Herbrich R, Smola A J. A Generalized Representer Theorem

[C]. In Computational Learning Theory, 14th Annual Conference on Computational Learning Theory, COLT 2001 and 5th European Conference on Computational Learning Theory, EuroCOLT 2001, Amsterdam, 2001: 416–426.

[165] John P. Fast training of support vector machines using sequential minimal optimization [J]. Combridge: MIT Press, 1999: 185–208.

[166] Fan R, Chen P, Lin C. Working Set Selection Using Second Order Information for Training Support Vector Machines [J]. Journal of Machine Learning Research, 2005, 6: 1889–1918.

[167] Ma L, Song D, Liao L, et al. PSVM: a preference-enhanced SVM model using preference data for classification [J]. Science China Information Sciences, 2017, 60(12): 122103:1–14.

[168] Dalton J, Dietz L, Allan J. Entity query feature expansion using knowledge base links [C]. In Proceedings of the 37th international ACM SIGIR conference on Research & development in information retrieval, 2014: 365–374.

[169] Zhang C, Zhou M, Han X, et al. Knowledge graph embedding for hyper-relational data [J]. Tsinghua Science and Technology, 2017, 22(02): 185–197.

[170] Dang H T, Kelly D, Lin J J. Overview of the TREC 2007 Question Answering Track. [C]. In TREC, 2007: 63.

[171] Balog K, Serdyukov P, Vries A P d. Overview of the trec 2010 entity track [R]. In TREC'10 2010.

[172] Shen Y, He X, Gao J, et al. Learning semantic representations using convolutional neural networks for web search [C]. In Proceedings of the 23rd International Conference on World Wide Web, 2014: 373–374.

[173] Shen Y, He X, Gao J, et al. A Latent Semantic Model with Convolutional-Pooling Structure for Information Retrieval [C]. In Proceedings of the 23rd ACM International Conference on Conference on Information and Knowledge Management, New York, 2014: 101–110.

[174] Qu W, Wang D, Feng S, et al. A novel cross-modal hashing algorithm based

on multimodal deep learning [J]. Science China Information Sciences, 2017, 60(9): 092104:1–14.

[175] Kim Y. Convolutional Neural Networks for Sentence Classification [C]. In empirical methods in natural language processing, 2014: 1746–1751.

[176] Joachims T. Text categorization with support vector machines: Learning with many relevant features [J]. Machine learning: ECML-98, 1998: 137–142.

[177] Lebanon G, Mao Y, Dillon J V. The Locally Weighted Bag of Words Framework for Document Representation [J]. Journal of Machine Learning Research, 2007, 8: 2405–2441.

[178] Kim S, Rim H, Yook D, et al. Effective Methods for Improving Naive Bayes Text Classifiers [C]. In PRICAI 2002: Trends in Artificial Intelligence, 7th Pacific Rim International Conference on Artificial Intelligence, Tokyo, 2002: 414–423.

[179] Miah M. Improved k-NN Algorithm for Text Classification [C]. In Proceedings of The 2009 International Conference on Data Mining, DMIN 2009, Las Vegas, 2009: 434–440.

[180] Xu B, Guo X, Ye Y, et al. An Improved Random Forest Classifier for Text Categorization [J]. JCP, 2012, 7(12): 2913–2920.

[181] LeCun Y, Bengio Y, Hinton G E. Deep learning [J]. Nature, 2015, 521(7553): 436–444.

[182] Johnson R, Zhang T. Deep Pyramid Convolutional Neural Networks for Text Categorization [C]. In Proceedings of the 55th Annual Meeting of the Association for Computational Linguistics (Volume 1: Long Papers), 2017: 562–570.

[183] Zhang R, Lee H, Radev D R. Dependency Sensitive Convolutional Neural Networks for Modeling Sentences and Documents [C]. In NAACL HLT 2016, The 2016 Conference of the North American Chapter of the Association for Computational Linguistics: Human Language Technologies, San Diego 2016: 1512–1521.

[184] Hara K, Saitoh D, Shouno H. Analysis of function of rectified linear unit

used in deep learning [C]. In 2015 International Joint Conference on Neural Networks (IJCNN 2015), Killarney, 2015: 1–8.

[185] Zhang T. Solving Large Scale Linear Prediction Problems Using Stochastic Gradient Descent Algorithms [C]. In Proceedings of the Twenty-first International Conference on Machine Learning, 2004: 116.

[186] Hinton G E, Srivastava N, Krizhevsky A, et al. Improving neural networks by preventing co-adaptation of feature detectors [J]. CoRR, 2012, abs/1207.0580.

[187] Ma L, Song D, Liao L, et al. A joint deep model of entities and documents for cumulative citation recommendation [J]. Cluster Computing, 2017: 1–12.

[188] Park S-T, Chu W. Pairwise preference regression for cold-start recommendation [C]. In Proceedings of the third ACM conference on Recommender systems, 2009: 21–28.

[189] 于洪, 李俊华. 一种解决新项目冷启动问题的推荐算法 [J]. 软件学报, 2015, 26(6): 1395–1408.

[190] 孙吉贵, 刘杰, 赵连宇, 等. 聚类算法研究 [J]. 软件学报, 2008, 19(1): 48–61.

[191] Schutz A, Buitelaar P. Relext: A tool for relation extraction from text in ontology extension [M] // Schutz A, Buitelaar P. The Semantic Web–ISWC 2005. Berlin: Springer, 2005: 593–606.

[192] Fader A, Soderland S, Etzioni O. Identifying relations for open information extraction [C]. In Proceedings of the Conference on Empirical Methods in Natural Language Processing, 2011: 1535–1545.

[193] Banko M, Etzioni O, Center T. The Tradeoffs Between Open and Traditional Relation Extraction. [C]. In ACL, 2008: 28–36.

名词索引